Inhalt

Einführung

Subsahara-Afrika ist die Bezeichnung für eine Großregion, die vielfältiger, widersprüchlicher und paradoxer nicht sein könnte. Große Flächenstaaten wie die Demokratische Republik Kongo, mehr als sechsmal so groß wie Deutschland, gibt es dort ebenso wie den kleinsten Festlandstaat Gambia, nur weniger als ein Viertel so groß wie Niedersachsen. Wüsten, Savannen und Regenwald, Überschwemmungen und Dürren, Ressourcenarmut und -reichtum, wirtschaftlichen Aufschwung und weit verbreitete Armut, Diktatoren und Despoten auf der einen Seite und andererseits Politiker wie Nelson Mandela, der mit seiner Politik der Versöhnung epochale Geschichte geschrieben hat – all das ist Afrika südlich der Sahara. Und noch viel mehr. Nirgends auf der Welt ist die ethnische Diversität größer, auf keinem Kontinent spricht man mehr Sprachen.

Subsahara-Afrika ist aber auch, will man unseren Medien glauben, die Region der großen Ks: Krisen, Konflikte, Kriege, Katastrophen, Krankheiten, Klientelismus, Korruption. Der schwedische Autor und Afrikakenner Henning Mankell formuliert es so: „Wenn wir uns am Bild der Massenmedien orientieren, lernen wir heute alles darüber, wie Afrikaner sterben, aber nichts darüber, wie sie leben." Die Katastrophenbilder werden der Komplexität der Region ebenso wenig gerecht wie die sozialromantisch verklärten Klischees von der Serengeti und Giraffen im Sonnenuntergang oder von den immer fröhlichen und lachenden Menschen.

Subsahara-Afrika heute, das ist auch ein Resultat des Gestern: Von der Wiege der Menschheit und prosperierenden Staatswesen zum Sklavenhandel und Ausbeutungsobjekt während der Kolonialzeit, vom Spielball der Mächte im kalten Krieg zur heute ungleichen Einbindung in die globalisierte Welt, – immer wieder leidet die Region unter der Fremdbestimmung.

Subsahara-Afrika heute ist aber auch das Afrika von morgen. Weltweit wächst nirgends die Bevölkerung schneller, nirgends ist sie jünger. Die Hälfte der Afrikaner ist nicht älter als 18 Jahre, während in Europa das Medianalter bei über 40 Jahren liegt. Aber die auch global weiter zunehmende Bevölkerung bietet Subsahara-Afrika Chancen. Im Jahre 2050 müssen weltweit neun Milliarden Menschen ernährt werden – so viele wie nie zuvor. Vor diesem Hintergrund gewinnt Afrika südlich der Sahara enorme Bedeutung als Nahrungsmittel- und Energieproduzent. Die Transformationen in dieser Region werden die Weltgeschichte des 21. Jahrhunderts prägen. Und viele Entwicklungen verlaufen schneller, als sie in Europa verarbeitet werden können. Jeder, der heute eine afrikanische Großstadt besucht, wird große Shoppingmalls und Verkehrsstaus erleben, ein Bild, das der Vorstellung vom ewig hilfebedürftigen Afrika widerspricht.

Wer dennoch das Wagnis eingeht, Subsahara-Afrika auf weniger als 100 Seiten zu beschreiben, zu analysieren und diskutieren, muss zwangsläufig Lücken hinterlassen und Schwerpunkte setzen. Dieses Buch legt den Fokus auf folgende Themen:

- Die Geschichte Subsahara-Afrikas und die Kennzeichen der heutigen Staaten (Kap. 1).
- Die Entwicklung der Landwirtschaft mit ihren Chancen und Risiken (Kap. 2).
- Die Wirtschaftsentwicklung, die natürlichen Ressourcen und die Rolle der Entwicklungszusammenarbeit (Kap. 3).
- Die Bevölkerungsentwicklung mit den Auswirkungen von AIDS und der Verstädterung (Kap. 4).

Ein Zitat von Ken Saro-Wiwa, einem der großen Afrikaner, Schriftsteller, Bürgerrechtler und Journalisten, der 1995 wegen seiner Proteste gegen den Raubbau im Nigerdelta hingerichtet wurde, möge als Geleit für dieses Buch dienen:

„Es ist die schlimmste Sünde auf Erden, seinen Kopf nicht zu gebrauchen"

1

Von der Wiege der Menschheit zum globalen Sorgenkind

Wenn in Djenné, einer malischen Kleinstadt im oberen Nigerdelta, Markttag ist, stoßen afrikanische Vergangenheit und Gegenwart aufeinander. Die Moschee in traditioneller sudanischer Lehmarchitektur, seit 1988 Weltkulturerbe, erzählt von der reichen und langen und selbstbestimmten Geschichte Afrikas südlich der Sahara. Djenné war eines der Zentren der prosperierenden Mali- und Songhai-Reiche zur Zeiten unseres Mittelalters. Verkauft werden heute auf dem Markt neben traditionellen Heilmitteln und Nahrungsmitteln chinesische Plastikwaren ebenso wie deutsche Altkleider. Vor der pittoresken Kulisse hat sich die moderne afrikanische Lebenswirklichkeit in einer globalisierten Welt eingefunden. Die ungleiche, fremdbestimmte Einbindung in die Weltwirtschaft ist in Afrika allerdings keine aktuelle Entwicklung, wie Sklavenhandel und Kolonialismus zeigen. Und so wurde der Bau dieser „neuen" Moschee von Djenné 1907 von den französischen Kolonialherren mitfinanziert, um sich die Loyalität der Bewohner zu erkaufen.

Afrikas reiche Geschichte

In Afrika südlich der Sahara gab es lange bevor die ersten Europäer den Kontinent betraten blühende Staaten und große Zentren der Gelehrsamkeit. Doch in unserer Wahrnehmung wird Afrika auf seine jüngste Geschichte reduziert, geprägt von Armut, Hunger und Krieg.

Let's face it – think of Africa, and the first images that come to mind are of war, poverty, famine and flies. How many of us really know anything at all about the truly great ancient African civilizations, which in their day, were just as splendid and glorious as any on the face of the earth?"
Henry Louis Gates, Jr., US-Amerikanischer Kulturwissesncharftler

Heute können wir davon ausgehen, dass die Wiege der Menschheit in Afrika stand. Insbesondere im ostafrikanischen Grabensystem wurden wichtige frühmenschliche Überreste gefunden sowie erste Steinwerkzeuge, die den Menschen über Jahrtausende begleiten sollten. Einige Wissenschaftler würden sogar so weit gehen, dass die Grundlagen für die Sesshaftigkeit des modernen Menschen durch Ackerbau in Afrika gelegt wurden.

Ins Bewusstsein Europas gelangte Afrika südlich der Sahara erst durch die Berichte der Entdecker ab dem 15. Jahrhundert (vgl. 1.2). Insbesondere in Westafrika entstanden zur Zeit des europäischen Mittelalters die bedeutenden Großreiche Gana, Mali und Songhai. So erlebte im 14. Jahrhundert das Königreich Mali, dessen Reichtum sich auf den Transsaharahandel mit Salz, Gold und Sklaven begründete, seine sagenumwobene Blüte.

M1: Quellentext zu König Mansa Musa I.
Mitic-Pigorsch, K.: König Mansa Musa I. – Reichster Mensch aller Zeiten. Die Welt 19.10.2012

»

Rockefeller, Gates oder Rothschild – diese Namen gelten als der Inbegriff für unvorstellbaren Reichtum. Aber Mansa Musa I.? Vermutlich haben von dem als „König der Könige" genannten Monarchen aus Mali, der im 14. Jahrhundert lebte, vor allem historisch interessierte Menschen gehört. Dabei gilt er noch immer als der bis heute reichste Mann, der je auf der Erde lebte. (...) Mansa Musas Reichtum war so legendär, dass sogar alte arabische Schriftrollen darüber berichten: auf seiner Pilgerreise nach Mekka 1324/5 soll der Monarch so viel Geld ausgegeben haben, dass er eine Hyperinflation in Ägypten auslöste. 60 000 Männer und 12 000 Sklaven begleiteten ihn auf dieser Prozession – und diese mussten natürlich ernährt werden. Der Wert des ägyptischen Dinars war auf Jahre ruiniert. (...) Übrig blieb von diesem Reichtum allerdings wenig. Nachdem Mansa Musa starb, versank sein Reich im Chaos. Bürgerkriege und der Kampf gegen Eroberer zerstörten sein Lebenswerk.

«

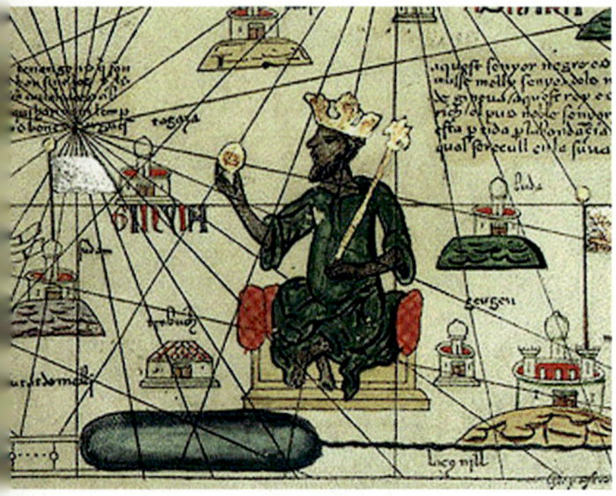

M2: Mansa Musa I.

		Vermögen
1	Mansa Musa I.	400
2	Familie Rothschild	350
3	John D. Rockefeller	340
4	Andrew Carnegie	310
5	Nikolai Alexandrovich Romanov	300
6	Mir Osman Ali Khan	230
7	Wilhelm, der Eroberer	230
8	Muammar Gaddafi	200
9	Henry Ford	199
10	Cornelius Vanderbilt	185
11	Alan Rufus	179
12	Bill Gates	136

M3: Die reichsten Menschen aller Zeiten (in Mrd. US-$; inflationsbereinigt 2013)

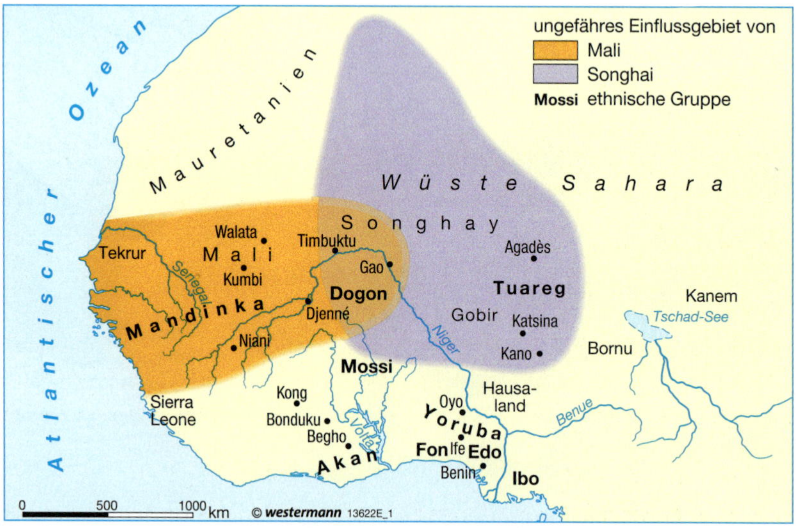

M4: Westafrika im 14. und 15 Jahrhundert: Die Reiche von Mali und Songhay

Bereits im sechsten Jahrhundert vor Chr. gab es Handelskontakte zwischen dem Mittelmeerraum und Afrika südlich der Sahara. Aufgrund der kulturellen und wissenschaftlichen Einflüsse entstand im Laufe der Jahrhunderte eine afro-arabisch-berberische Zivilisation, zu deren Zentren Timbuktu, Gao und Djenné wurden. Vor allem das bis heute sagenumwobene Timbuktu entwickelte sich schnell von einem kleinen Rastplatz der nomadischen Händler zu einem der wichtigsten kulturellen Zentren dieser Zeit, das zunächst zum Reich von Mali und später zum Reich der Songhai gehörte. Die Universität von Timbuktu wurde etwa zur selben Zeit gegründet wie die älteste europäische Universität Bologna. Zu seiner Blüte im 16. Jahrhundert lebten in Timbuktu mehr als 120 000 Menschen. Nach der Eroberung durch den marokkanischen Sultan 1591 verlor die Stadt zunehmend an Bedeutung.

Als der deutsche Geograph Heinrich Barth im September 1853 Timbuktu erreichte, hatte er mehr als ein im Sande versinkendes großes Dorf erwartet, dessen Einwohnerzahl er auf 20 000 schätzte. Von 1894 bis 1960 stand die immer noch legendäre aber inzwischen kleine, unbedeutende Wüstenstadt unter französischer Kolonialverwaltung. Jedes Jahr bedingt die fortschreitende Desertifikation (vgl. 2.1, 2.7) ein weiteres Vorrücken der Wüste in Richtung Stadt. Der Niger, einst die Lebensader der Stadt, verläuft mittlerweile 20 km entfernt. Seit 1988 ist das historische Stadtbild Weltkulturerbe der UNESCO. Aufgrund von Verwitterung und Verfall der Bauwerke sowie Mangel an Geld und fachkundiger Restauration musste es allerdings 1990 auf die Rote Liste gesetzt werden.

Zudem waren und sind der Sahel und seine Städte eine Konfliktzone unterschiedlicher Völker und Kulturen. Insbesondere die Auseinandersetzung zwischen transhumanten arabo-berberischen Viehzüchtern und vorwiegend westafrikanischen sesshaften Ackerbauern, die beide auf die fruchtbaren Überschwemmungsgebiete des Niger angewiesen sind, flammen immer wieder auf. Der seit 2012 offene Konflikt im Norden Malis zwischen nach Autonomie strebenden Tuareg-Rebellen, islamistischen Gruppen sowie der Zentralregierung Malis hat Timbuktu und seinen Schätzen abermals erheblichen Schaden zugefügt (siehe S. 14). So zerstörten Islamisten im Mai 2012 das zum UNESCO-Welterbe gehörende Mausoleum Sidi Mahmud Ben Amar sowie durch Brandschatzung unwiederbringliche historische Handschriften. Im Januar 2013 haben französische und malische Truppen Timbuktu im Rahmen der „Opération Serval" zurückerobert.

Universität von Timbuktu

Bis zur Zerstörung der Universität durch die Marokkaner 1591 studierten an der Universität bis zu 25 000 Menschen Fächer wie Astronomie, Geschichte, Medizin, Mathematik und islamische Religion. Die Universitätsbibliothek beherbergte damals Millionen von Manuskripten, die große Teile des gesammelten Wissens dieser Zeit umfassten.

M5: Timbuktu-Expedition von Heinrich Barth 1853

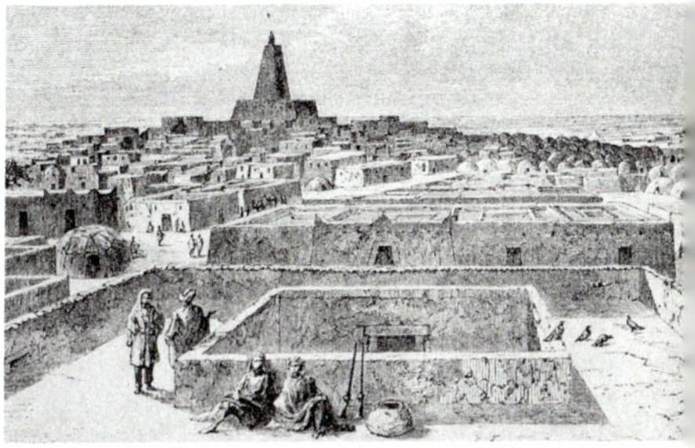

M6: Timbuktu 1860

M7: Straße in Timbuktu

M8: Französische Truppen in Timbuktu, 2013

1 Gestalten Sie mit Assoziationen zu Subsahara-Afrika eine Assoziationswolke.

2 Beschreiben Sie den Aufstieg und Fall von Timbuktu.

D1-130 www.diercke.de

Afrika und die Europäer

Das Eingreifen Europas auf dem afrikanischen Kontinent hat bis heute Spuren hinterlassen. Insbesondere der Sklavenhandel und die Kolonialzeit, aus der die heutigen afrikanischen Staaten hervorgingen, beeinflussten die politische, soziale und wirtschaftliche Struktur Afrikas nachhaltig.

M1: Hof des Forts São Jorge da Mina (Elminia Castle) in Ghana
Von dem 1482 von den Portugiesen errichteten Fort wurden Tausende von Afrikanern nach Amerika verschleppt.

Die ersten großen Erkenntnisse der Europäer über den afrikanischen Kontinent lieferten die Forschungsreisenden; etwa die portugiesischen Entdecker wie Heinrich der Seefahrer (1394-1460) oder Bartolomeu Dias (ca. 1450-1500), der 1487/88 als erster Europäer um die Südspitze Afrikas segelte. An der Westküste Afrikas wurden die portugiesischen Handelsposten dann im 16. Jahrhundert vor allem von Engländern, Franzosen und Holländern verdrängt, die von dort aus den Sklavenhandel nach Amerika im großen Stil organisierten. Der hohe Bedarf an Arbeitskräften für die Plantagenwirtschaft (Zuckerrohr, Baumwolle und Tabak) in den amerikanischen Kolonien konnte durch die dort ansässige Bevölkerung nicht gedeckt werden. Afrikanische Sklaven wurden an der Küste von afrikanischen Mittelsmännern, die aus dem inneren Afrikas „beliefert" wurden, gegen Waren aus Europa getauscht. In Afrika selbst war zwar zur Zeit des transatlantischen Sklavenhandels Sklaverei bereits weit verbreitet, sie bekam aber durch die Europäer noch einmal ein weit größeres Ausmaß und eine brutalere Qualität.

Zwischen 1510 und 1860 wurden mindestens zwölf Mio. Menschen aus Afrika deportiert.

Neben den demographischen Konsequenzen – die Versklavung betraf vor allem junge, arbeitsfähige Menschen – hatte die Sklaverei für Afrika massive Folgen: Die Gesellschaft wurde brutalisiert, das Misstrauen zwischen den Völkern wuchs und ganze Landstriche wurden entvölkert. 1794 schaffte Frankreich die Sklaverei in den Kolonien ab, in den USA wurde der Besitz von Sklaven schließlich 1865 verboten.

M2: Quellentext zur modernen Sklaverei
Scheen, T.: Ehemalige Sklavin erhält Entschädigung. Frankfurter Allgemeine Zeitung 28.10 2008

»

Ihr Preis war knapp 370 Euro. Dafür war Adidjatou Mani Koraou im Alter von zwölf Jahren von einem Tuareg verkauft worden. Fortan hatte sie ihrem neuen Besitzer, einem Mann aus Birni N'Konni im Süden Nigers, zu dienen – als billige Arbeitskraft und als Sexualobjekt. (...) Zwei Kinder bekam Adidjatou von ihrem „Besitzer", bevor sie sich zu wehren begann. Als sie erfuhr, dass Sklaverei illegal ist in ihrem Land Niger, zog sie (...) vor (...) Gericht(e). (...) Obwohl die Sklaverei überall in Afrika verboten ist, blüht sie speziell im Sahel.

«

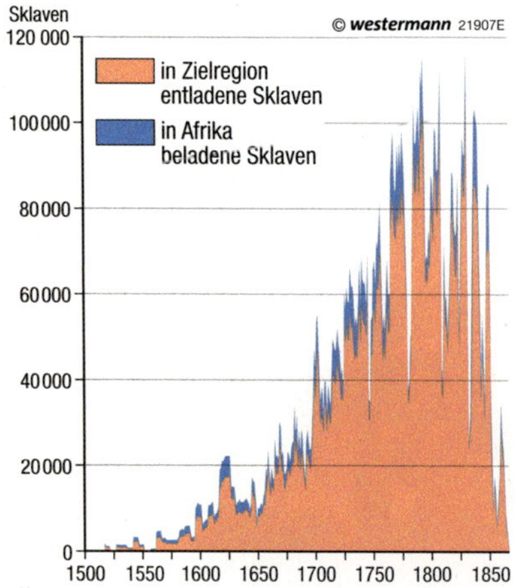

M3: Entwicklung des transatlantischen Sklavenhandels 1514 - 1866

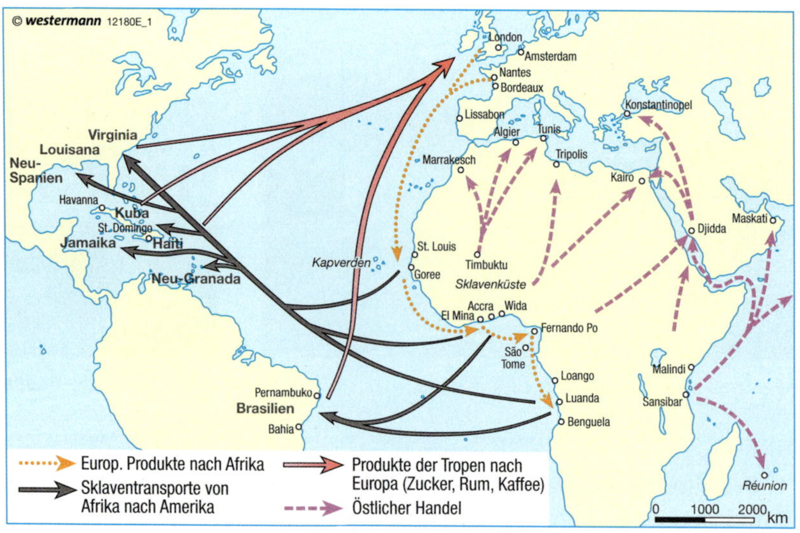

M4: Transatlantischer Dreieckshandel

Expansionspolitik und Kolonialismus

Erst ab Mitte des 18. Jahrhunderts begannen die Europäer das innere Afrika zu erkunden. Insbesondere um die Entdeckung der Quellen und Verläufe der großen Flüsse Nil und Niger begann ein grotesker Wettlauf. Nach den Missionaren und Entdeckern drangen zunehmend Händler in bislang unbekannte Gebiete Afrikas vor und versuchten mit den Herrschern vor Ort Handelsabkommen zu schließen, um sich eine wirtschaftliche Vormachtstellung zu sichern. Je größer der Wettbewerb unter den Händlern der verschiedenen europäischen Länder wurde, umso stärker versuchten sie ihre Heimatstaaten zu Schutzabkommen und zur Übernahme von Verantwortung in Afrika zu drängen.

Die Aufteilung Afrikas unter den europäischen Kolonialmächten erfolgte zunächst bei der Berliner Kongokonferenz (1884-85), die von Bismarck einberufen wurde, um die Besitzansprüche im Kongo zu klären. Der belgische König Leopold setzte sich durch und bewirkte, den Kongo zu seinem Privatbesitz erklären zu lassen und konnte so mit der brutalen Gewaltherrschaft und dem Raubbau an Kautschuk, Elfenbein, Gold und Kupfer fortfahren. Nach verschiedenen Arrondierungen und Verschiebungen wurden die Grenzen der afrikanischen Kolonien bis 1914 weitgehend festgelegt (44 % folgen Längen- oder Breitengraden).

Die Motive für die aufwändige und politisch riskante Kolonialisierung Afrikas (administrative Kontrolle über weiträumige unwegsame Territorien) waren vielfältig:

- Ausbeutung agrarischer und mineralischer Rohstoffe,
- Absatzmärkte, um die industrielle Revolution voranzutreiben,
- nationalistisches Expansionsdenken, Rivalität der europäischen Mächte (Aufbau von Militärstützpunkten),
- militärischer Schutz der Handelskompanien, Befriedung,
- Besiedlung (außer in Kenia und Rhodesien eher untergeordnetes Motiv)
- Missionstätigkeiten und „humanitäre Gründe" (sog. „Zivilisierung")

Letztere gipfelten schließlich im sozialdarwinistisch begründeten europäischen Rassismus. Das Gedicht des britischen Schriftstellers Rudyard Kipling („Das Dschungelbuch") „The white man's burden" prägte auf sprichwörtliche Weise die Umdeutung der Kolonialisierung zu einem humanitären Akt.

M5: Berliner Kongokonferenz

„Die meisten Afrikaner hatten keinerlei Grund, sich mit den 1884 in Berlin von den Kolonialherren vorgegebenen Einheiten zu identifizieren. Ihre Verpflichtungen galten der Familie, dem Clan, vielleicht der Ethnie, nicht jedoch der anonymen Masse der übrigen Staatsangehörigen."

Theo Rauch, deutscher Geograph (2007)

The White Man's Burden

Take up the White Man's burden
Send forth the best ye breed
Go bind your sons to exile
To serve your captives' need;
To wait in heavy harness,
On fluttered folk and wild
Your new-caught, sullen peoples,
Half-devil and half-child.

Rudyard Kipling, britischer Schriftsteller (1899)

	Fläche (in 1000 km²)	Bevölkerung (in 1000)	Deutsche Siedler	Ausgaben für die Kolonie	Einnahmen aus der Kolonie	Exporte	Importe	Ausfuhrgüter	Einfuhrgüter
				(in Mio. Reichsmark)		(in Mio. RM, in Klammern nach/aus D.R.)			
Ostafrika	995,0	7511	3579	19,0	15,6	31,4 (14,6)	50,3 (17,4)	Elfenbein, Kautschuk, Baumwolle, Hanf, Bienenwachs, Kaffee	Eisenbahnanlagen, Maschinen, Zement, Baumw., Bier, Zucker
Kamerun	495,0	2540	1359	11,0	10,3	23,3 (18,0)	34,2 (11,4)	Kautschuk, Palmkerne, Kakao, Öl, Mais, Ebenholz	Eisenbahnanlagen, Maschinen, Reis, Bier, Nadelholz, Baumw.
Togo	87,2	1003	316	3,3	3,5	10,0 (6,2)	11,4 (2,7)	Mais, Palmkerne, Baumwolle, Kautschuk, Elfenbein	Brücken-/Eisenbahnanlagen, Schießpulver, Zucker, Baumw.
Südwestafrika	835,1	86	12135	34,8	24,2	39,0 (5,6)	32,5 (15,3)	Erze, Edelsteine, Marmor, Mais, Kautschuk, Häute	Eisenbahnanlagen, Maschinen, Bier, Getreide, Zement
Deutsches Reich	541,0	67200	-.	-	-	10097	10770		

M6: Daten zu den deutschen Afrika-Kolonien 1912 (D.R. = Deutsches Reich)

1 **Erläutern Sie die kurz- und langfristigen Folgen des transatlantischen Sklavenhandels für Afrika.**
2 **Analysieren Sie die Aussage des Gedichts „The White Man's Burden".**

D1-130
www.diercke.de

1.3 Dekolonialisierung und Unabhängigkeit

M 1: Jomo Kenyatta (Mitte), erster Ministerpräsident Kenias, legte am 5.6.1963 in Nairobi mit der hoch gehaltenen Bibel in der Hand den Amtseid ab (ganz rechts der Gouverneur der britischen Kronkolonie Malcolm MacDonald). Ein halbes Jahr später wurde Kenia unabhängig und Kenyatta Staatspräsident.

Für die englischen Kolonien in Westafrika Ghana (1957) und Nigeria (1960) erfolgte der Übergang in die Unabhängigkeit zunächst unproblematisch, der ökonomische Verfall dieser ehemals reichen Kolonien begann erst viele Jahre später. Die ostafrikanischen Kolonien Englands hatten es schwerer die Unabhängigkeit zu erlangen, da England lange die Unabhängigkeitsbewegungen in Kenia und Tansania unterdrückte. Verbunden mit dem Ziel, die neuen Staaten ökonomisch, politisch und kulturell an Frankreich zu binden, wurden die französischen Kolonien mehrheitlich im Jahre 1960 unabhängig.

Kolonialzeitliche Prägungen und Strukturen stellten für die zumeist Mitte des 20. Jahrhunderts in die Unabhängigkeit entlassenen Staaten eine schwere Hypothek dar. Zudem erfolgte die Dekolonialisierung so rasch, dass kaum von einem geordneten Übergang gesprochen werden kann.

Erbe der Kolonialzeit

Für Europa hatte die Kolonisierung des afrikanischen Kontinents – entgegen der ursprünglichen Motive – politisch und wirtschaftlich nur eine eher geringe Bedeutung. Für die afrikanischen Staaten bedeutete sie aber unter anderem, dass die demontierten oder über die Einbindung in die Kolonialherrschaft weitgehend diskreditierten traditionellen politischen und administrativen Systeme nach der Unabhängigkeit nicht mehr zur Verfügung standen. Auch bildete sich während der Kolonialzeit als Konkurrenz zu den traditionellen Eliten eine neue Elite heraus, die westliche Schulen besucht hatte. Prägend für die weitere politische Entwicklung sollte sich auch ein tiefes Misstrauen gegenüber dem Staat erweisen, der während der Kolonialzeit als Unterdrücker und Ausbeuter erfahren wurde. In ökonomischer Hinsicht behinderte die auf Ausbeutung von Rohstoffen ausgerichtete Wirtschafts- und Transportinfrastruktur die Integration der postkolonialen Volkswirtschaften. Gleichzeitig wurde in vielen Regionen das Gesundheitswesens und das (westliche) Bildungswesen verbessert und ausgebaut. Wie tiefgreifend die Auswirkungen des Kolonialismus für Afrika waren und sind, ist weiterhin Gegenstand kontroverser Auseinandersetzungen.

Dekolonialisierung

Die Dekolonialisierung Afrikas erfolgte als Konsequenz des zweiten Weltkriegs. Die europäischen Kolonialmächte waren geschwächt und die USA sowie die Gründungsversammlung der Vereinten Nationen forderten 1945 eine rasche Unabhängigkeit der afrikanischen Kolonien. Bis auf in den Siedlerkolonien Rhodesien/Simbabwe, Kenia, Namibia, Angola und Mosambik, die erst nach langen, blutigen Unabhängigkeitskämpfen eigenständig wurden, verlief der Dekolonisationsprozess relativ reibungslos.

Fast über Nacht kamen unerfahrene, neue Führungseliten an die Macht, die über keinen funktionierenden Staats- und Verwaltungsapparat verfügten und kein von den ehemaligen Kolonialländern unabhängiges Wirtschaftssystem installieren konnten. Trotz der Unterschiedlichkeit der Staaten waren sich alle neu an die Macht gekommenen Staatsoberhäupter in zwei Fragen einig: die Souveränität der neuen Staaten und die Anerkennung der Kolonialgrenzen. Damit wurden die durch die

M 2: Robert Mugabe, Präsident von Simbabwe (seit 1987)

M 3: Wahllokal in Simbabwe, Präsidentschaftswahlen 2008

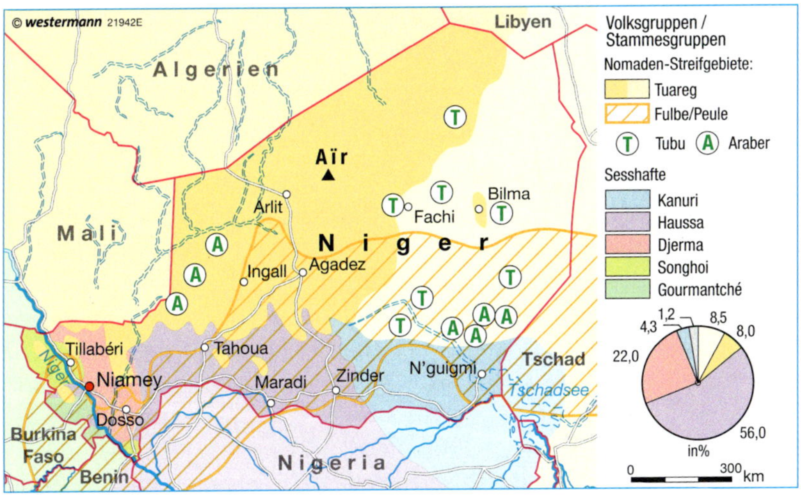

M4: Verbreitung der Stammes- und Volksgruppen in Niger und seinen Nachbarländern

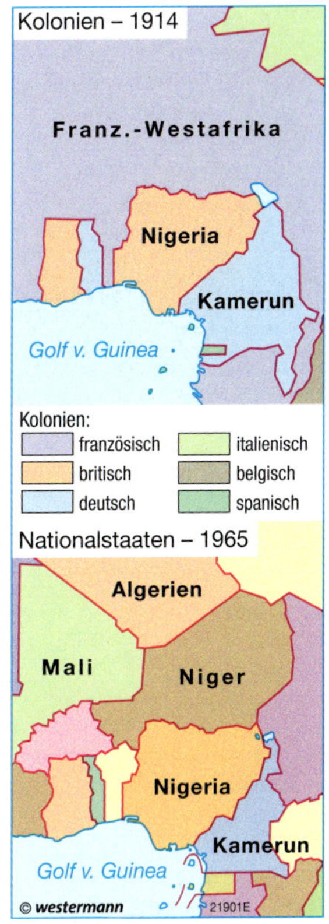

M5: Territoriale Aufteilung Westafrikas um 1914 und 1965

Kolonialherren willkürlich über kulturelle, wirtschaftliche und soziale Einheiten hinweg mit dem Lineal gezogenen Grenzen für die Zukunft festgeschrieben und in der Gründungscharta der Organisation für Afrikanische Einheit (OAU) im Jahre 1963 festgehalten. Zwei weitere Maßnahmen, die vor allem der Machtsicherung dienten, waren die Verstaatlichung ausländischer Unternehmen sowie die Gründung neuer Staatsunternehmen, die in der Folge zu wichtigen Einnahmequellen der verschiedenen Klientelgruppen wurden. Die in allen neuen Staaten forcierte Gründung von Nationalarmeen sollte sich in der Zukunft jedoch für die Machthaber als problematisch erweisen (zunehmende Zahl von Militärputschen).

Da es die neuen Regierungen über Jahrzehnte nicht schafften, ein Nationalbewusstsein ihrer Staatsbürger durch nachweisliche Erhöhung des Lebensstandards für alle zu erreichen, sondern im Gegenteil zunehmend **klientelistische** Netzwerke über Wohl und Wehe einzelner Volksgruppen entschieden, war der Staatszerfall vorprogrammiert. Für ein „Nation-Building" fehlten nach Anerkennung der Kolonialgrenzen alle Voraussetzungen, da in den neuen Staaten eine Vielzahl unterschiedlicher Gruppen mit unterschiedlichen Kulturen, Sprachen, sozio-ökonomischen und politischen Systemen zusammen kamen. Die meisten neuen Machthaber gaben daher einem Einparteiensystem gegenüber einer Mehrparteiendemokratie den Vorzug, da bei freien Wahlen regionale und ethnische Motivationen den Ausschlag gegeben hätten und die territoriale Einheit in Gefahr gewesen wäre. Ende der 1980er-Jahre hatten dann allerdings durch den ökonomischen Niedergang und das Ausbleiben von Transferzahlungen der USA und Sowjetunion im Rahmen des Kalten Krieges die autokratischen Machthaber Afrikas nicht mehr genug Geld, um ihre Armeen, Staatsbediensteten und Verwaltung oder gar ihre Gefolgschaft zu unterhalten. Zunehmend mussten sie sich an internationale Geldgeber wie den Internationalen Währungsfond oder die Weltbank wenden, die allerdings die Geldvergabe an wirtschaftliche und politische Konditionen knüpfte (**Strukturanpassungsprogramme**): Freie und faire Wahlen, Beachtung der Menschenrechte und gute Regierungsführung (Good Governance, vgl. 1.4) hießen die politischen Bedingungen.

Klientelismus
Informelles auf gegenseitigen Vorteil gerichtetes Machtverhältnis zwischen ranghöheren und niedriger gestellten Personen oder Organisationen. I. d. R. erwartet die höhere Instanz (die den Vorteil verschafft) von der folgenden Instanz besondere (politische) Unterstützung oder Gefolgschaft (z. B. Wählerstimmen).

Strukturanpassungsprogramme (SAP)
Vergabe von Krediten und Schuldenerlass gekoppelt an bestimmte wirtschaftliche Forderungen wie Haushaltsdisziplin, Subventionsabbau, Deregulierung, Marktöffnung, Freigabe der Wechselkurse, Privatisierung von Staatsbetrieben, Bürokratieabbau uvm.

1 **Erläutern Sie das Konfliktpotenzial der Übernahme der kolonialen Grenzverläufe.**
2 **Erklären SIe den Begriff „Nation Building".**

D1-130
www.diercke.de

Die Staaten Afrikas

Afrikanischen Union (AU)
Seit 2002 Nachfolgeorganisation der Organisation für Afrikanische Einheit (OAU) mit Sitz in Addis Abeba (Äthiopien), 54 Mitgliedsstaaten (alle afrikanischen Staaten außer Marokko)

Abk.	Organisation	Mitglieder
ECOWAS	Economic Commuity of West African States	15
COMESA	Common Market for Eastern and Southern Africa	19
EAC	East African Community	5
ECCAS	Economic Community of Central African States	10
SADC	Southern Africa Development Community	15
CEN-SAD	Community of Sahel-Saharian States	25
IGAD	Intergovernment Authority on Development	7

M1: Regionalorganisationen in Subsahara-Afrika

Franc CFA BCEAO
(Franc de la Communauté Financière d'Afrique, Banque Centrale des États de l'Afrique de l'Ouest) Währung der Westafrikanischen Wirtschafts- und Währungsunion (UEMOA), also von Benin, Burkina Faso, Côte d'Ivoire, Guinea-Bissau, Mali, Niger, Senegal und Togo.

Aufgrund naturräumlicher, historischer und kultureller Kriterien wird Subsahara-Afrika von Nordafrika abgegrenzt. Genau so wenig wie ein „Afrika" gibt es auch kein einheitliches „subsaharisches Afrika". Allein fast 2000 Sprachen und fast ebenso viele Volksgruppen deuten die Vielfalt dieser Region an.

Subsahara-Afrika wird gemeinhin, so auch durch die UN-Statistikbehörden, in vier Regionen unterteilt: Westafrika, Zentralafrika, Ostafrika und Südliches Afrika. Die Zuordnung zu den jeweiligen Regionen ist allerdings nicht immer einheitlich. Als Bindeglied zwischen den einzelnen Ländern und der **Afrikanischen Union** gibt es eine ganze Reihe von Regionalorganisationen mit unterschiedlichen Schwerpunkten, deren wirtschaftliche und politische Zusammenarbeit sowohl zu Frieden und Sicherheit als auch zur wirtschaftlichen Entwicklung beitragen soll.

Westafrika

Die meisten Staaten Westafrikas waren Kolonien Frankreichs, was sich heute nicht nur in der französischen Sprache als Verwaltungssprache, sondern auch in der gemeinsamen Währung, dem **Franc CFA BCEAO,** niederschlägt. Die Bindung des CFA-Franc mit einem festen Wechselkurs an den Franc (bzw. Euro) verschafft Frankreich nach wie vor starken wirtschaftlichen und politischen Einfluss. Senegal, Gambia, Mali, Burkina Faso und Niger gehören zu den so genannten Sahelländern, deren Staatsgebiete wesentliche Anteile an der semiariden Übergangszone zwischen der nördlich anschließenden Sahara bis zur Trocken- und Feuchtsavanne im Süden haben. In der Regel wird die Abgrenzung des Sahel anhand der Isohyeten vorgenommen, wonach die nördliche Grenze bei etwa 200 mm und die Südgrenze bei etwa 600 mm Jahresniederschläge festgelegt wird. Viel bedeutsamer als die absoluten Niederschlagsmengen für Ökologie und Ökonomie ist jedoch deren Variabilität, die für den Sahel im Mittel bei 20 bis 30 Prozent der Jahresniederschläge liegt. Dürren sind für den Sahel charakteristisch, 2007 kam es allerdings zu Überschwemmungen. Der Sahel ist sowohl Lebensraum mobiler Tierhaltergruppen als auch sesshafter Ackerbauern und entlang des Nigerflusssystems mobiler Fischer. Die Wirtschaft der Küstenstaaten Westafrikas ist stark durch den Cash-Crop-Anbau von etwa Kakao, Ananas und Kaffee geprägt.

Staat	Hauptstadt	Ew. (in Mio.)	Fläche (in 1000 km²)	unabhängig seit/von	BIP/Kopf (in US-$) 2012	CO_2-Emission (in t/Ew.) 2011	HDI (Rang) 2012	Regierungssystem
Benin	Porto-Novo	9,6	112,6	1960 / F	752	0,48	0,436 (166.)	Rep./präsidentiell
Burkina Faso	Ouagadougou	18,0	274,2	1960 / F	652	0,09	0,343 (183.)	Rep./semipräsidentiell
Côte d'Ivoire	Yamoussoukro	21,1	322,5	1960 / F	1244	0,34	0,432 (168.)	Rep./präsidentiell
Gambia	Banjul	1,9	11,3	1965 / UK	507	0,25	0,439 (165.)	Rep./präsidentiell
Ghana	Accra	26,1	238,5	1957 / UK	1604	0,36	0,558 (135.)	Rep./präsidentiell
Guinea	Conakry	11,8	245,9	1958 / F	492	0,13	0,355 (178.)	Rep./präsidentiell
Guinea-Bissau	Bissau	1,7	36,1	1974 / P	494	0,28	0,364 (176.)	Rep./präsidentiell
Kap Verde	Praia	0,5	4,0	1975 / P	3908	0,88	0,586 (132.)	Rep./parlamentarisch
Liberia	Monrovia	4,4	111,4	1847 / USA	414	0,14	0,388 (174.)	Rep./präsidentiell
Mali	Bamako	15,5	1240,2	1960 / F	699	0,05	0,344 (182.)	Rep./semipräsidentiell
Niger	Niamey	16,9	1267,0	1960 / F	395	0,08	0,304 (186.)	Rep./semipräsidentiell
Nigeria	Abuja	173,6	923,8	1960 / UK	2722	0,46	0,471 (153.)	Rep./präsidentiell
Senegal	Dakar	13,5	196,7	1960 / F	1023	0,53	0,470 (154.)	Rep./präsidentiell
Siera Leone	Freetown	6,2	71,7	1961 / UK	635	0,25	0,359 (177.)	Rep./präsidentiell
Togo	Lomé	6,2	56,8	1960 / F	574	0,22	0,459 (159.)	Rep./präsidentiell

M2: Die Staaten Westafrikas (F = Frankreich, UK = Großbritannien, P = Portugal, Rep. = Republik)

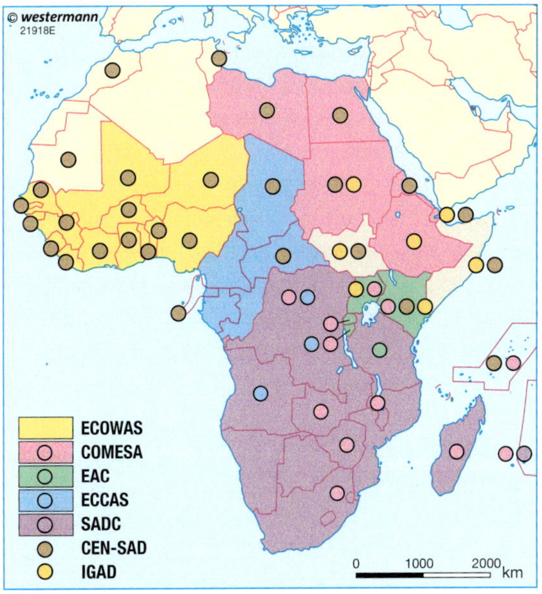

M3: Regionalorganisationen in Subsahara-Afrika

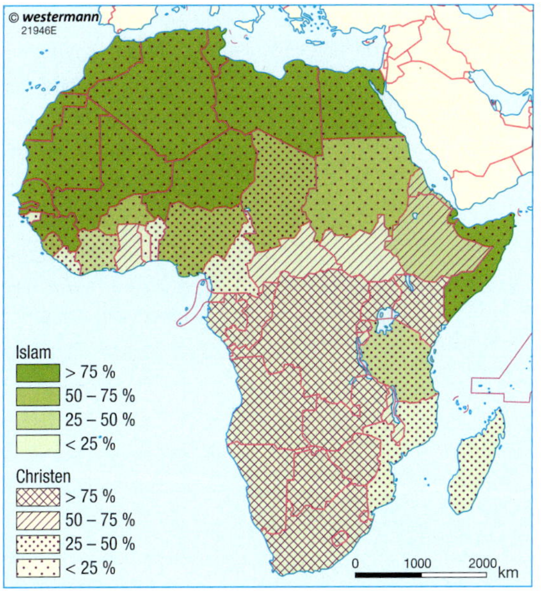

M4: Islam und Christentum in Afrika

Mali – Religion als Konfliktursache?

In Mali leben über 20 verschiedene ethnische Gruppen, die bedingt durch die koloniale Grenzziehung Angehörige eines gemeinsamen Staates wurden. Nach ihren traditionellen Lebensformen sind Ethnien mit sesshafter und voll- oder halbnomadischer Lebensweise zu unterscheiden. Die Grundsteine für die ungleichen Machtverhältnisse wurden so schon in der Kolonialzeit gelegt. Die koloniale Wirtschaftspolitik begünstigte eine Verschiebung der Machtverhältnisse auf die südlichen Landesteile, in denen die Hauptanbaugebiete für die Cash Crops lagen. Dort wurde auch die Infrastruktur ausgebaut. Angehörige der ethnischen Gruppen des Südens – vor allem Bambara – erhielten eine europäische Schulbildung, übernahmen nach dem Ende der Kolonialzeit die Macht und weiteten sie auf Kosten der im Norden lebenden Nomadenvölker weiter aus. Bereits in der Kolonialzeit wurden die Nomaden durch den Verlust ihrer Weiderechte gegenüber den Ackerbauern diskriminiert. Auch die internationale Entwicklungshilfe hat sich über viele Jahrzehnte an Programmen zu Sesshaftmachung von Nomaden beteiligt und so die sozio-ökonomische Marginalisierung festgeschrieben. Das Anfang der 1990er-Jahre lancierte „Programme du Nord", das im Rahmen einer integrierten Regionalentwicklung die Förderung sowohl der sesshaften Ackerbauern als auch der mobilen Fischer und Nomaden im Norden des Landes vorsah, hat offensichtlich nicht den gewünschten Erfolg gebracht.

Die letzten Jahrzehnte brachten Mali eine vordergründige Demokratie, die 2012 mit dem Putsch und der Unabhängigkeitserklärung des Nordens (Azawad) sowie dem Einzug islamistischer Gruppen, die die Benachteiligung des Nordens instrumentalisierten, wie ein Kartenhaus zusammenfiel. Etwa 90 Prozent der Bevölkerung Malis bekennen sich zum sunnitischen Islam, etwa acht Prozent zu afrikanischen Volksreligionen und zwei Prozent zum Christentum (sowohl Protestanten als auch Katholiken). Es ist hier also schwerlich von einem Religionskrieg zu sprechen. Auch muss man mit der Vermutung, ganz Mali sei wegen seiner Armut ein fruchtbarer Boden für einen radikalisierten Islam, vorsichtig sein, denn immer noch haben die traditionellen muslimischen Religionsführer, die Marabouts, erheblichen Einfluss gerade auf die ärmsten Gruppen.

M5: Mali: Rohstoffe, Flüchtlingsgebiete und Sprachgruppen

M1: Quellentext zur Bedeutung der Religion in Westafrika
Brändle, S.: Ein unerhörtes Ereignis. Frankfurter Allgemeine Zeitung 4.8.2013

»

*Die Westafrikaner identifizieren sich heute weniger über Politik als über Religion. Das ist meist der Islam, ortsweise aber auch der protestantische Evangelismus oder der Katholizismus. Das kann einen sorgen, aber es gibt auch positive Entwicklungen. An der Elfenbeinküste erhalten muslimische Kader heute eine gute integrierende Ausbildung. Im Niger mit seinen schwachen staatlichen Strukturen ist ein öffentlicher Dialog zwischen den religiösen und politischen Sphären in Gang gekommen. Mali muss seinerseits einen Weg finden, um islamistische Strömungen einzubinden. Auf jeden Fall kann man diese Kräfte nicht länger ignorieren. Anstatt an einer **laizistischen** Fiktion festzuhalten, wäre es besser, die religiösen Verbände in das demokratische Spiel einzubeziehen.*

«

Laizismus
Verfassungsrechtliches Modell, das eine strenge Trennung zwischen Kirche und Staat fordert

Staat	Hauptstadt	Ew. (in Mio.)	Fläche (in 1000 km²)	unabhängig seit/von	BIP/Kopf (in US-$) 2012	CO_2-Emission (in t/Ew.) 2011	HDI (Rang) 2012	Regierungsform
Angola	Luanda	21,6	1246,7	1975 / P	5482	1,34	0,508 (148.)	Rep./präsidentiell
Äquatorialguinea	Malabo	0,8	28,1	1968 / ES	24036	7,31	0,554 (136.)	Rep./präsidentiell
Burundi	Bujumbura	10,9	27,8	1962 / B	251	0,02	0,355 (178.)	Rep./präsidentiell
D.R. Kongo	Kinshasa	71,1	2344,9	1960 / B	262	0,04	0,304 (186.)	Rep./semipräsidentiell
Gabun	Libreville	1,6	267,7	1960 / F	11257	2,98	0,683 (106.)	Rep./präsidentiell
Kamerun	Jaunde	21,5	475,4	1961 / F, UK	1167	0,38	0,495 (150.)	Rep./präsidentiell
Rep. Kongo	Brazzaville	4,4	342,0	1960 / F	3153	1,62	0,534 (142.)	Rep./präsidentiell
Ruanda	Kigali	11,1	26,3	1962 / B	620	0,08	0,434 (167.)	Rep./präsidentiell
São Tomé & Principe	São Tomé	0,2	1,0	1975 / P	1400	0,83	0,525 (144.)	Rep./semipräsidentiell
Tschad	N'Djamena	12,2	1284,0	1960 / F	1035	0,02	0,340 (184.)	Rep./präsidentiell
Zentralafr. Republik	Bangui	4,7	623,0	1960 / F	483	0,07	0,352 (180.)	Rep./präsidentiell

M2: Die Staaten Zentralafrikas (F = Frankreich, UK = Großbritannien, ES = Spanien, P = Portugal, B = Belgien)

M3: Holztransporter im Kongobecken

Regenwaldgebiete	Fläche (in Mio. ha)	Holz	Schutz	Erhalt
Kongobecken	301,8	20 %	0,2 %	12 %
Amazonasbecken	799,3	14 %	6,7 %	14 %
Südostasien	242,0	46 %	17,9 %	16 %

M4: Anteil der Regenwaldgebiete für Holzproduktion, als Schutzgebiet (v.a. für Boden und Wasser) und zur Walderhaltung (Biodiversität)

Zentralafrika

Das Ökosystem des Kongobeckens ist für Zentralafrika charakteristisch. Es umfasst das zweitgrößte zusammenhängende Regenwaldgebiet der Erde. Klimatisch ist diese Region durch ein für die Tropen typisches Tageszeitenklima geprägt. Etwa 80 Prozent der zentralafrikanischen Regenwälder sind aufgrund des wirtschaftlich wichtigen Holzexports für die Anrainerstaaten nicht mehr in unberührtem Zustand. Insbesondere der illegale Holzeinschlag, der aufgrund der Konflikte in dieser Region blüht, trägt wesentlich zum Waldverlust bei (vgl. 2.4). Der Kongo ist mit circa 3000 schiffbaren Kilometern (bei einer Gesamtlänge von 4370 km) eine der wichtigsten Schifffahrtsstraßen Afrikas und für die Wirtschaftsentwicklung der Anrainerstaaten von großer Bedeutung. Alle Staaten Zentralafrikas besitzen mit Ausnahme Ruandas schwache staatliche Strukturen, die in immer wiederkehrenden Krisen und Konflikten sichtbar werden. Außer den ressourcenarmen Staaten Ruanda und Burundi verfügen die zentralafrikanischen Staaten über wertvolle Bodenschätze, vor allem Erdöl.

Angola – wirtschaftliche Entwicklung dank Erdöl?

Im Jahr 2002 ging in Angola ein rund dreißigjähriger Bürgerkrieg zu Ende, der schätzungsweise 500 000 Menschen das Leben kostete und 2,5 Mio. Menschen aus ihrer Heimat vertrieb. Die Infrastruktur wurde weitgehend zerstört und die Landwirtschaft stark beeinträchtigt, da die Bauern entweder vertrieben wurden oder aufgrund des großflächigen Einsatzes von Antipersonenminen die Felder nicht betreten konnten. Viele Landesteile sind nach wie vor von Landminen verseucht, und bis heute besteht beim Bestellen der Felder in manchen Landesteilen eine heimtückische Gefahr. Etwa 100 000 Menschen müssen derzeit infolge von Detonationen von Antipersonenminen mit Amputationen leben und jede Woche gibt es immer noch zwischen 150 und 200 neue Minenopfer. Es trifft vor allem Frauen und Kinder, die beim Sammeln von Feuerholz oder auf der Nahrungssuche von den freigegebenen Routen abweichen.

Gleichzeitig erlebt Angola derzeit ein nie gekanntes wirtschaftliches Wachstum, das vor allem auf dem Export von Erdöl und Diamanten basiert. Infolge steigender Erdölpreise Ende der 2000er-Jahre zählte das ostafrikanische Land zu den am schnellsten wachsenden Volkswirtschaften der Welt. Das Gros der Angolaner profitiert davon allerdings nicht, da nur zwei Prozent der Bevölkerung direkt oder indirekt vom Öl leben. Für die Armen hat der Ölboom vor allem negative Auswirkungen: Die Hauptstadt Luanda war auch 2013 wieder die teuerste Stadt der Welt, mit Mietpreisen von 6500 US-Dollar für ein unmöbliertes Zweizimmer-Appartement pro Monat in einigen Stadtteilen oder dem Preis für eine ganz normale Jeans von 204 US-Dollar (vgl. 4.5). Momentan bemüht sich die Regierung die Erdölabhängigkeit zu reduzieren und die Diversifizierung der Wirtschaft voranzutreiben.

Ostafrika

Das Horn von Afrika mit den Ländern Eritrea, Äthiopien, Dschibuti und Somalia unterscheidet sich vor allem kulturell durch die Nähe zu Arabien von den restlichen Ländern Ostafrikas. Es ist die Region mit der weltweit größten Konfliktdichte, da fast alle Länder aktuell von innerstaatlichen Auseinandersetzungen betroffen sind. In den ariden und semi-ariden Räumen Äthiopiens und Somalias ist die mobile Viehhaltung die angepasste Wirtschaftsweise und Fleisch und Leder sind eine wichtige Einnahmequelle als Exportgut vor allem in die arabische Welt. Auch Ostafrika exportiert vorwiegend landwirtschaftliche Produkte wie Kaffee und Tee. Kenia ist das wirtschaftlich wichtigste Land in Ostafrika. Nach der Weltwirtschaftskrise 2007/2008 und einem Dürrejahr 2009 erholt sich Kenias Wirtschaft nun wieder. Insbesondere die erst kürzlich erfolgten Ölfunde in der Region Turkana könnten Kenia vom rohstoffarmen Ölimporteur zum Ölexporteur machen.

	1980	1990	2000	2012
Industrierundholz (Export)	8,3 (2,3)	11,5 (2,9)	13,3 (4,6)	16,6 (1,8)
Brennholz	54,0	71,4	91,8	112,7

M5: Entwicklung der Holzentnahme und des -exports im Kongobecken (in Mio. m^3)

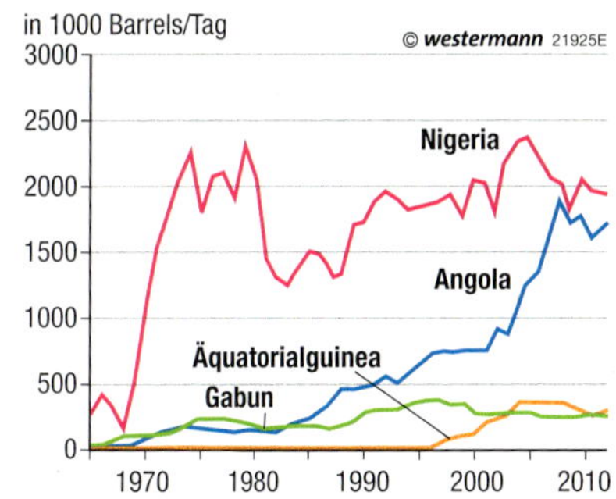

M6: Erdölproduktion Angola, Nigeria, Äquatorialguinea und Gabun 1980 - 2012

M7: Nomaden in Ostafrika

Staat	Hauptstadt	Ew. (in Mio.)	Fläche (in 1000 km²⁾)	unabhängig seit/von	BIP/Kopf (in US-$) 2012	CO_2-Emission (in t/Ew.) 2011	HDI (Rang) 2012	Regierungsform
Äthiopien	Addis Abeba	89,2	1104,3	-	455	0,07	0,396 (173.)	Rep./parlamentarisch
Dschibuti	Dschibuti	0,9	23,3	1977 / F	1062	1,36	0,445 (164.)	Rep./präsidentiell
Eritrea	Asmara	5,8	117,6	1993 / Äth	504	0,11	0,351 (181.)	Rep./Einparteiensystem
Kenia	Nairobi	44,2	580,4	1963 / UK	943	0,30	0,519 (145.)	Rep./präsidentiell
Komoren	Moroni	0,8	1,9	1975 / F	831	0,21	0,429 (169.)	Islam. Rep./präsidentiell
Madagaskar	Antananarivo	22,5	587,0	1960 / F	447	0,09	0,483 (151.)	Rep./präsidentiell
Malawi	Lilongwe	16,3	118,5	1964 / UK	268	0,06	0,418 (170.)	Rep./präsidentiell
Mauritius	Port Louis	1,3	2,0	1968 / UK	8120	4,10	0,737 (80.)	Rep./parlamentarisch
Mosambik	Maputo	24,3	799,4	1975 / P	565	0,14	0,327 (185.)	Rep./präsidentiell
Sambia	Lusaka	14,2	752,6	1964 / UK	1463	0,18	0,448 (163.)	Rep./präsidentiell
Seychellen	Victoria	0,1	0,5	1976 / UK	12783	11,85	0,806 (46.)	Rep./präsidentiell
Simbabwe	Harare	13,0	390,6	1980/ UK	714	0,66	0,397 (172.)	Rep./präsidentiell
Somalia	Mogadischu	10,4	637,7	1960 / UK, I	150	0,08	k.A.	Rep./parlamentarisch
Süd-Sudan	Juba	9,8	~630,0	2011 / Su	943	k.A.	k.A.	Rep./präsidentiell
Tansania	Dodoma	49,1	947,3	1961 / UK	609	0,16	0,476 (152.)	Rep./präsidentiell
Uganda	Kampala	36,9	241,0	1962 / UK	551	0,09	0,456 (161.)	Rep./präsidentiell

M8: Die Staaten Ostafrikas (F = Frankreich, UK = Großbritannien, I = Italien, F = Frankreich, Äth - Äthiopien, Su = Sudan)

M1: Jubelfeier nach der Unabhängigkeit im Südsudan

Südsudan – Frieden durch Unabhängigkeit?

Im Januar 2011 stimmte die Bevölkerung Südsudans mit einer Mehrheit von 99 Prozent für die Unabhängigkeit und wurde so zum jüngsten Staat auf dem afrikanischen Kontinent. Dies beendete einen immer wieder blutig aufflammenden Konflikt zwischen der im Norden lebenden arabischen, islamischen Bevölkerung, die die Politik im Sudan bestimmte, und den im Süden lebenden afrikanischen, meist christlichen Völkern (z.B. Nuer, Dinka), die seit 1955 für die Unabhängigkeit des Südsudans kämpfen. Allerdings lässt der noch unklare Verlauf der Grenze die Auseinandersetzungen zwischen Südsudan und Sudan immer wieder eskalieren. Vor allem dreht sich der Konflikt um die Ölvorkommen, die nach der Teilung mehrheitlich im Südsudan liegen. Andererseits ist der Südsudan auf die Pipelines, die durch den Norden führen, angewiesen. Die Einnahmen des Südsudans hängen zu 100 Prozent vom Erdöl ab, während gleichzeitig mehr als die Hälfte der Bevölkerung Hunger leidet. Ende 2013 brach zudem im Südsudan ein bewaffneter Kampf um die politische Macht im Land aus.

M2: Quellentext zum Bürgerkrieg im Südsudan
Jeska, A.: Kaum gegründet, schon zerfallen. Die Zeit 23.2.2014

»

Seit zwei Monaten herrscht wieder Krieg im Südsudan. Der jüngste Staat der Welt könnte zerbrechen, entlang ethnischer Linien. Dinka und Nuer, die beiden größten Volksgruppen, sind blutig aneinander geraten. Menschenrechtsorganisationen berichten von außergerichtlichen Exekutionen und ethnischen Säuberungen. Mindestens 400 000 Menschen seien auf der Flucht. Die Lager von Unmiss, der Mission der Vereinten Nationen im Südsudan, sind überfüllt, die hygienischen Zustände katastrophal, es fehlt an Impfstoffen und Medikamenten. Allein 3000 Menschen suchen Schutz im UNMISS-Lager Tong Ping in Juba, sie hocken so dicht aufeinander, dass nur äußerste Duldsamkeit sie diese Zustände ertragen lässt. Plötzlich hat sich alles gewandelt. Hilfsorganisationen, die bis zum Dezember noch mit ambitionierten Aufbauprogrammen beschäftigt waren, errichten nun Latrinen, verteilen Medikamente und Nahrung. Sie waren gekommen, um einen Staat aufzubauen, und müssen nun das Elend verwalten.

«

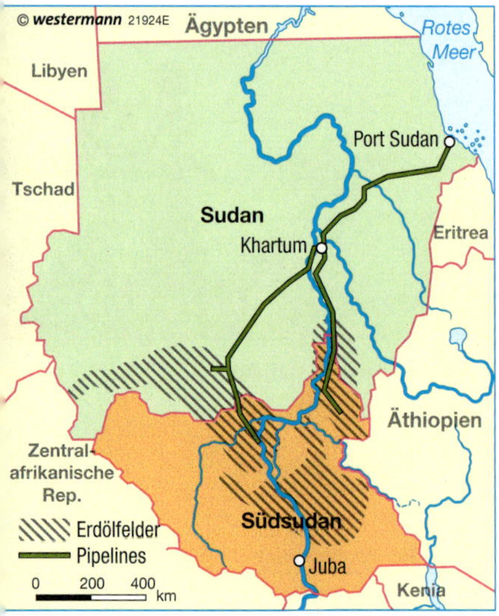

M3: Sudan und Süd-Sudan

Diversifizierung
Maßnahmen zum Abbau einseitiger Wirtschaftsstrukturen, Ausweitung der Exportstruktur

Südliches Afrika

Der größte Teil des Südlichen Afrika ist Hochland, das zum Teil sehr gute Bedingungen für den Ackerbau bietet. Außerdem finden sich hier eine große Menge mineralischer Rohstoffe. Die Besiedlung des Südlichen Afrika seit dem 17. Jahrhundert durch Europäer – vor allem Niederländer und Briten, aber auch Deutsche und Franzosen – führte in Südafrika, Rhodesien (Simbabwe) und Namibia zu Apartheidssystemen, die in Rhodesien bis 1980, in Namibia bis 1989 und in Südafrika bis 1994 andauerten. Das Südliche Afrika ist die wirtschaftlich bedeutendste Region des Kontinents, wozu in erster Linie Südafrika beiträgt, dessen Wirtschaft sowohl auf einer **diversifizierten** Industrie als auch auf Landwirtschaft

Staat	Hauptstadt	Ew. (in Mio.)	Fläche (in 1000 km²)	unabhängig seit/von	BIP/Kopf (in US-$) 2012	CO_2-Emission (in t/Ew.) 2011	HDI (Rang) 2012	Staats-/Regierungsform
Botsuana	Gaborone	1,9	582,0	1966 / UK	7238	1,93	0,634 (119.)	Rep./parlamentsgeb. Ex.*
Lesotho	Maseru	2,2	30,4	1966 / UK	1193	0,22	0,461 (158.)	Mon./parlamentarisch
Namibia	Windhuk	2,4	824,3	1990 / SA	5786	1,45	0,608 (128.)	Rep./semipräsidentiell
Südafrika	Pretoria	53,0	1219,9	1961 / UK	7352	8,88	0,629 (121.)	Rep./parlamentsgeb. Ex.*
Swaziland	Mbabane	1,2	17,4	1968 / UK	3042	0,85	0,536 (141.)	Konstitut. Monarchie

M4: Die Staaten des Südlichen Afrikas (UK = Großbritannien, SA = Südafrika *parlamentsgebundene Exekutivgewalt)

und dem Bergbausektor fußt. Namibia und Botsuana verdanken ihr vergleichsweise hohes Einkommen dem Export von Rohstoffen, vor allem Diamanten. Global gesehen ist das Südliche Afrika die am stärksten von HIV/AIDS-Infektionen betroffene Region, mit verheerenden Folgen für Gesellschaft und Wirtschaft.

Südafrika – Ende der Apartheid, Ende der Disparitäten?

Eines der herausragenden und hoffnungsvollsten Ereignisse für Afrika südlich der Sahara war sicherlich das Ende der Apartheid in Südafrika. Nach der jahrzehntelangen brutalen und erniedrigenden Unterdrückung der schwarzen Bevölkerungsmehrheit wurde mit dem friedlichen Übergang und der Wahl Nelson Mandelas 1994 zum Präsidenten aller Südafrikaner der Übergang zu einem demokratischen System vollzogen. Die südafrikanische Verfassung, die 1996 verabschiedet wurde, gehört zu den freiheitlichsten und fortschrittlichsten der Welt. Insbesondere die Einhaltung der Menschenrechte und der Schutz vor Diskriminierung wird der gesamten Bevölkerung Südafrikas in diesem Dokument garantiert. In seiner Amtsantrittsrede am 10.5.1994 betont Nelson Mandela, der 27 Jahre für seinen Freiheitskampf in Südafrika im Gefängnis verbrachte, die Gleichheit aller Südafrikaner.

So wurden die ersten frei gewählten Regierungen, die von Mandelas Partei Afrikanischer Nationalkongress (ANC) gebildet wurden, von sehr hohe Erwartungen begleitet. Während des Wahlkampfes für die ersten freien Wahlen in Südafrika erhielt die Wohnungsfrage eine symbolische Bedeutung für die bis dahin durch die Apartheidsregierungen benachteiligten Gruppen und sollte für eine Veränderung der Machtverhältnisse zwischen den Rassen und Klassen einer extrem disparitären Gesellschaft stehen. Im Wahlprogramm des ANC von 1994 wird der Bau von einer Million Häuser und die Bereitstellung von fließendem Wasser und Spültoiletten für über eine Million Familien innerhalb der nächsten fünf Jahre angekündigt. 20 Jahre später fehlen immer noch mindestens zwei Millionen Wohneinheiten vor allem im sogenannten Low-Cost-Sektor. In den letzten Jahren häufen sich die Proteste gegen die nicht eingehaltenen Versprechungen der Regierung, die zum Teil in gewaltsame Demonstrationen gegen menschenwürdige Lebensumstände umschlugen. Bei den Wahlen im Mai 2014 erreichte der ANC mit leichten Verlusten allerdings wieder 62,2 Prozent.

Let there be justice for all.
Let there be peace for all.
Let there be work, bread, water and salt for all.
Let each know that for each the body, the mind and the soul have been freed to fulfill themselves.
Never, never and never again shall it be that this beautiful land will again experience the oppression of one by another and suffer the indignity of being the skunk of the world.
Let freedom reign.
The sun shall never set on so glorious a human achievement!
God bless Africa!

Nelson Mandela, südafrikanischer Anti-Apartheid-Kämpfer und Politiker (1994)

M5: Nelson Mandela nach seiner Freilassung 1990

»

Fast 20 Jahre nachdem Nelson Mandelas Afrikanischer Nationalkongress ANC die Vorherrschaft der Weißen gebrochen hat, kämpft das Land mit enormen wirtschaftlichen Problemen, verstärkt durch Korruption und Machtmissbrauch. Der Abstand zwischen den Ärmsten und den Reichsten in Südafrika ist extrem geworden. Dritte Welt und Erste Welt existieren hier Tür an Tür. Experten schätzen die Arbeitslosigkeit auf mehr als 40 Prozent. Tendenz steigend. Und Schuld trägt vor allem der Nationalkongress, er regiert noch immer unangefochten, ist aber auf dem besten Weg, das politische Erbe seines berühmtesten Mitglieds zu verspielen.

«

M6: Quellentext zu Südafrika
Puhl, J.: Am Ende des Regenbogens. Der Spiegel 9.12.2013

Gini-Index Südafrika
1993: 59,3
2000: 57,8
2009: 63,1

1 **Gliedern Sie Subsahara-Afrika nach selbstgewählten Kriterien.**
2 **Erklären Sie die Hintergründe der Auseinandersetzungen in Mali.**
3 **Vergleichen Sie die CO_2-Emissionen der einzelnen Staaten Subsahara-Afrikas (auch Atlas).**
4 **Erörtern sie den vordergründigen Widerspruch, dass viele Südafrikaner mit der Regierung unzufrieden sind, aber trotzdem ANC wählen.**

D1-142 www.diercke.de
D1-144 www.diercke.de
D1-242 www.diercke.de

Afrika heute: zwischen Demokratie und Diktatur

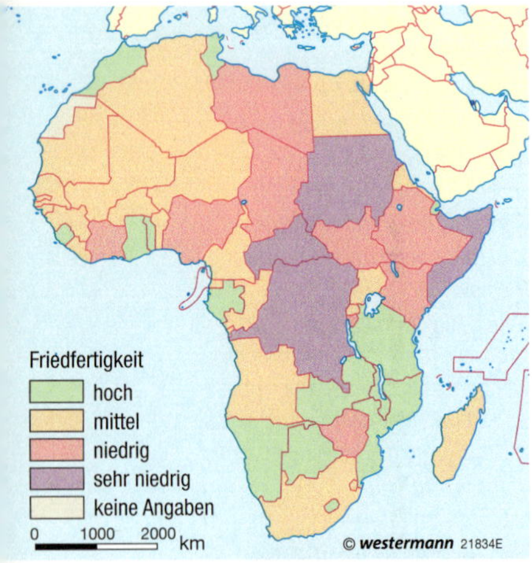

M1: Friedensindex 2012

In vielen afrikanischen Staaten ist die Bevölkerung nicht mit den Leistungen ihrer Regierungen zufrieden. Auch die zahlreichen Verfassungsreformen der letzten Jahre konnten nur bedingt für mehr Frieden und Demokratie sorgen.

Der Demokratieindex der Zeitschrift The Economist gab 2012 für Afrika südlich der Sahara mit Mauritius nur eine volle Demokratie an, daneben zehn semi-autoritäre, neun hybride und 24 autoritäre Regime. Dabei sind Frieden und Sicherheit die wichtigsten Grundvoraussetzungen für die Entwicklung eines Staates. Auch schaffen es die wenigsten afrikanischen Staaten für eine flächendeckende Grundversorgung mit Basis-Dienstleistungen wie Wasser, Sanitäreinrichtungen und Strom zu sorgen (M2). Ebenso wird mangelnde Transparenz bei der Verwendung der Steuergelder (M4) bemängelt. Verantwortlichkeit, Transparenz und Rechenschaftslegung gelten als zentrale Bestandteile guter Regierungsführung (Good Governance, M6). 56 Prozent aller Afrikaner sind der Meinung, dass ihre Regierungen schlechte bis sehr schlechte Arbeit bei der Bekämpfung von **Korruption** leisten (M3, 5).

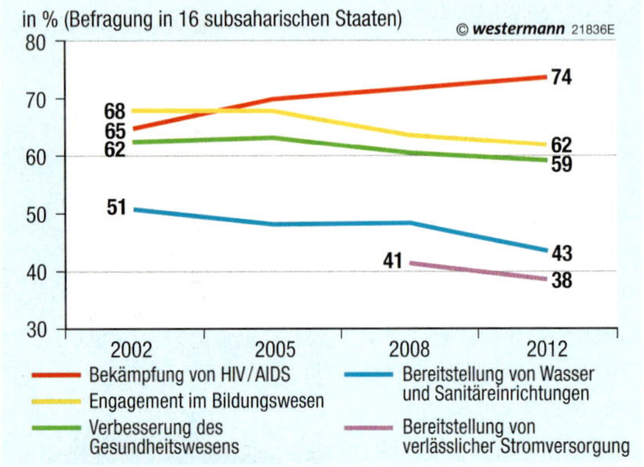

M2: Leistungsfähigkeit der Regierung bei der Bereitstellung von Haushalts- und öffentlichen Dienstleistungen 2002 - 2012

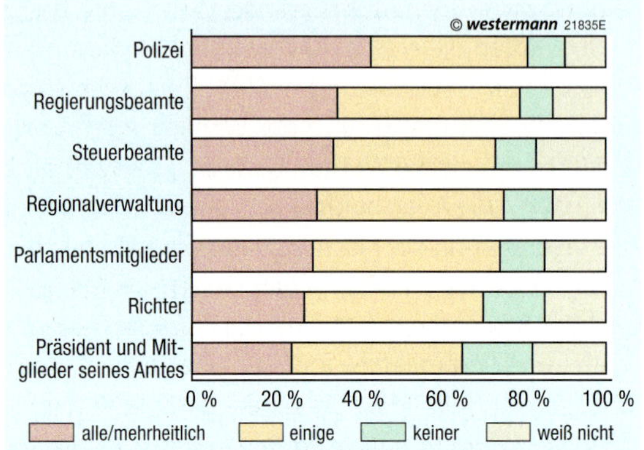

M3: Einschätzung der Korruption nach Institution 2011 - 2013 (Ergebnisse aus 34 Ländern Afrikas)

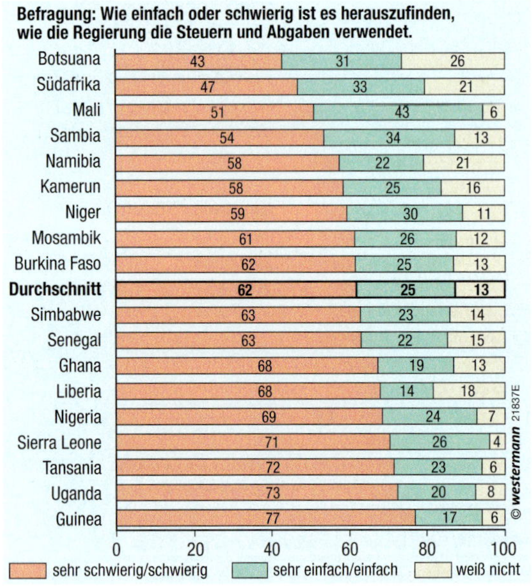

M4: Wahrgenommene Transparenz bei der Verwendung von Steuergeldern

	Bestechungsgelder für/gegen (in %)				
	Dokumente	Wasserzugang	Klinikzugang	Probleme mit Polizei	Grundschulplatz
Botsuana	2	0	0	3	1
Cote d'Ivoire	20	8	17	17	14
Ghana	11	8	8	11	6
Guinea	19	16	41	20	29
Kamerun	26	15	25	26	17
Kenia	38	17	28	31	17
Liberia	23	15	32	27	26
Mali	9	3	6	8	4
Mauritius	2	0	0	3	1
Mosambik	22	15	22	16	20
Nigeria	18	11	14	19	9
Senegal	19	7	9	4	4
Sierra Leone	34	24	40	36	34
Südafrika	7	7	9	7	7
Tansania	17	10	26	13	9

M5: Anteil der Bürger, die 2011 wenigstens einmal Bestechungsgelder bezahlt haben

»

Unser Verständnis von Good Governance basiert auf den universell geltenden Menschenrechten und den sich daraus ableitenden Prinzipien (Empowerment, Partizipation, Chancengleichheit beziehungsweise Nichtdiskriminierung, Transparenz und Rechenschaftspflicht). Leitbild ist ein Staat, der sich zu seinen international und regional eingegangenen Verpflichtungen bekennt, diese progressiv umsetzt und garantiert. Dieses Leitbild beruht auf der Pflichtentrias des Staates, das heißt Achtung, Schutz und Gewährleistung aller Menschenrechte. Es macht staatliche Akteure zu Pflichtenträgern und Menschen zu Rechtsträgerinnen und Rechtsträgern. Good Governance ist sowohl Voraussetzung als auch eigenständiges Ziel von Entwicklung.

«

M6: Quellentext zur Good Governance
Bundesministerium für wirtschaftliche Zusammenarbeit und Entwicklung: Förderung von Good Governance in der deutschen Entwicklungspolitik (2009)

»

In zahlreichen afrikanischen Staaten wurden in den vergangenen Jahren unter dem Druck oppositioneller Kräfte, der westlichen Gebergemeinschaft oder aus Eigeninteresse von Regierungen Verfassungsreformen auf den Weg gebracht. Die damit verbundenen Hoffnungen auf eine fortschreitende Demokratisierung wurden jedoch zumeist enttäuscht. Viele Regierungen nutzten die Reformprozesse schlicht zur Machtsicherung.

- *Verfassungsfragen sind in Subsahara-Afrika zu zentralen Fragen der politischen Auseinandersetzung geworden. Selbst autoritäre Herrscher können Verfassungen und damit den Schutz von Grundrechten und Beschränkungen der Regierungsmacht nicht mehr außer Acht lassen.*
- *Besonderes Augenmerk verdienen Verfassungskommissionen, die technokratisch, politisch oder durch breite gesellschaftliche Beteiligung geprägt sein können. Die in 13 afrikanischen Ländern eingesetzten Kommissionen deuten auf besonders große Reformbereitschaft hin.*
- *Machtpolitische Fragen stehen im Vordergrund. Der international diskutierte „neue Konstitutionalismus", dessen Vertreter umfassende Bürgerrechte durch Verfassungen schützen wollen, ist in Afrika nicht die entscheidende Triebkraft der Reformen.*
- *Die Verfassungsreformen dienen keineswegs immer der Demokratie. Mit Angola, Dschibuti, Kamerun und Tschad haben allein seit 2005 vier Regierungen und ihre Parlamentsmehrheiten die Beschränkung der Amtszeit des Präsidenten aus der Verfassung gestrichen, um sich an der Macht zu halten.*

«

M7: Quellentext zu Verfassungsreformen in Subsahara-Afrika
Stroh, A., von Soest, C.: Den Machterhalt im Blick: Verfassungsreformen in Subsahara-Afrika. GIGA Focus, 4/2011

Korruption
„Korruption ist der Missbrauch anvertrauter Macht zum privaten Nutzen oder Vorteil.
Ob Bestechung oder Bestechlichkeit im internationalen Geschäftsverkehr oder im eigenen Land, ob Käuflichkeit in der Politik oder der Versuch, durch Schmiergelder Vorteile zu erlangen - Korruption verursacht nicht nur materielle Schäden, sondern untergräbt auch das Fundament einer Gesellschaft."
Transparency International

	„Frei" (demokratisch)	„teilweise frei" (hybrid)	„nicht frei" (autoritär)	Anzahl
Verfassung geändert	Botsuana, Burundi	Kenia, Komoren, Madagaskar, Malawi, Mosambik, Niger, Senegal, Togo, Uganda, Zentralafrikanische Republik	Angola, Dschibuti, Gabun, Kamerun, D .R. Kongo, Ruanda, Simbabwe, Sudan, Swasiland, Tschad	23
Formales Verfahren eingeleitet	Benin, Kap Verde, Ghana, Mali	Guinea, Lesotho, Nigeria, Sambia, Seychellen		9
Nennenswerte Debatte	Mauritius, São Tomé und Principe	Burkina Faso, Tansania	Cotê d'Ivoire	6
Verfassungsänderung kein Thema	Namibia, Südafrika	Gambia, Guinea-Bissau, Liberia, Sierra Leone	Äquatorial-Guinea, Äthiopien, Eritrea, Kongo	10

M8: Verfassungsänderungen in Subsahara-Afrika seit 2005

1 Erörtern Sie die Auswirkungen von Korruption für Staat und Gesellschaft in Subsahara-Afrika.

Von der Wiege der Menschheit zum globalen Sorgenkind

Afrikas Geschichte und der Einfluss der Europäer

In Subsahara-Afrika gab es – lange bevor die ersten europäischen Entdecker über den Kontinent berichteten – blühende Staatswesen und große Zentren der Gelehrsamkeit. So war etwa Timbuktu bis zur Mitte des 16. Jahrhunderts eines der wichtigsten kulturellen Zentren seiner Zeit. Nach den Entdeckern kamen europäische Handelskompanien und begannen im Zuge des transatlantischen Dreieckshandels mindestens zwölf Millionen Menschen als Sklaven aus Afrika zu deportieren. Später teilten die Kolonialmächte den Kontinent unter sich auf, wobei die Grenzen von damals häufig bis heute erhalten geblieben sind. Eine Zeit der Ausbeutung der Ressourcen begann, die bis zur Dekolonisation ab dem Ende der 1950er-Jahre andauerte.

Die neuen Staaten waren schlecht gerüstet für die Unabhängigkeit und im Laufe der Jahrzehnte wurden viele Staaten von autokratischen Machthabern geführt, deren Macht vor allem auf einem klientelistischen System basierte. Gegen Ende der 1980er-Jahre waren die meisten Staaten Subsahara-Afrikas von ökonomischem Niedergang und innerstaatlichen Konflikten gezeichnet, die Entschuldungsprogramme und die weitere Aufnahme von Krediten bei internationalen Gebern wie etwa der Weltbank nötig machten. Allerdings waren diese an politische und wirtschaftliche Konditionen geknüpft.

Die Staaten Afrikas heute

Afrika südlich der Sahara wird von Nordafrika aufgrund naturräumlicher, historischer und kultureller Kriterien abgegrenzt. Subsahara-Afrika ist allerdings so vielfältig und heterogen, dass es schwierig ist, allgemeingültige Aussagen zu treffen. Gemeinhin wird es in Westafrika, Zentralafrika, Ostafrika und das Südliche Afrika unterteilt. Die westafrikanischen Staaten, vormals vor allem französische Kolonien, sind geprägt durch eine Vielzahl von Ethnien und dem Konflikt zwischen Viehhaltern und Ackerbauern. Für Zentralafrika ist der Naturraum des Kongobeckens mit all seinen Bodenschätzen charakteristisch. Ostafrika wird weiter unterteilt in das Horn von Afrika sowie die weiter südlich gelegen ostafrikanischen Staaten wie Kenia, Tansania und Sambia. Das Südliche Afrika wird wirtschaftlich durch den Staat Südafrika dominiert. Die afrikanischen Staaten schlossen sich zu einer Reihe von regionalen Organisationen zusammen, die sowohl wirtschaftliche als auch politische Ziele verfolgen.

Viele Afrikaner sind weder mit den Leistungen der Regierung noch der Verwaltung zufrieden, insbesondere Korruption und Intransparenz werden bemängelt. Daran konnten auch die vorgenommenen Verfassungsänderungen in vielen Staaten nichts ändern. In einigen Staaten führten sie im Gegenteil zum Machterhalt der bislang Herrschenden.

Aufgaben

1. **Beurteilen Sie den Nutzen der afrikanischen Kolonien für die Kolonialmächte am Beispiel des Deutschen Reichs (M 7, S. 9).**
2. **Erörtern Sie die Auswirkungen des Kolonialismus auf die Staaten Subsahara-Afrikas.**
3. **Nehmen Sie Stellung zu der Aussage, dass der Kolonialismus an den heutigen Problemen der Staaten Subsahara-Afrikas Schuld sei.**
4. **Erörtern Sie die These, Korruption und Klientelismus seien die wichtigsten Hinderungsgründe für die Entwicklung Afrikas.**
5. **Erörtern Sie die Frage, ob Konflikte in Afrika südlich der Sahara religiös oder wirtschaftlich motiviert sind.**

Internetlinks

Human Development Report der UNDP
hdr.undp.org

Afrobarometer
www.afrobarometer.org

Afrikanische Union
www.au.int

Transparency International
www.transparency.org

2

Landwirtschaft: Alte Probleme und neue Herausforderungen

Geringe Produktivität und Qualität, Verharren in der Subsistenzwirtschaft oder die Konkurrenz durch EU-subventionierte Agrarprodukte – eine ganze Reihe alter Probleme wirft immer wieder die Frage auf, ob die afrikanische Landwirtschaft die Ernährung aller Menschen sicher stellen kann und es zugleich schafft, gewinnbringend Agrarprodukte für die lokalen, regionalen und globalen Märkte zu produzieren. Zumal mit dem Klimawandel oder dem Landkauf durch internationale Investoren neue Herausforderungen hinzukommen. Ein erfolgreiches Beispiel, wie „Agro-Bussiness“ aber auch im kleinen Maßstab funktionieren kann, ist die Vermarktung von ökologisch angebauter Baumwolle unter dem Label „Cotton made in Africa“, bei dem Farmer aus verschiedenen afrikanischen Ländern und internationale Textilhandelsunternehmen zusammenarbeiten (Foto). Neben der Etablierung effizienter Anbaumethoden und dem Verzicht auf gefährliche Pestizide erhält das Produkt „Afrikanische Baumwolle“ mit dem Zertifikat endlich eine wahrnehmbare Wertschätzung.

Naturräume in Afrika südlich der Sahara

Afrikas naturräumliche Vielfalt zeigt sich in einer großen Bandbreite von Klimazonen und Ökosystemen sowie einem großen tierischen und pflanzlichen Artenreichtum. Das agrarische Potenzial, das nur regional durch Wassermangel, schlechte Böden und Bevölkerungsdruck eingeschränkt wird, ist vielerorts auch ohne High-Tech-Landwirtschaft noch nicht ausgeschöpft.

Betrachtet man Klima, Böden, Wasser und Vegetation, lässt sich subsaharische Afrika in drei große Geoökozonen aufteilen: In Äquatornähe die tropischen Regenwälder vor allem im Kongobecken, in den Sommerfeuchten Tropen die feuchten und trockenen Savannen und mit der Sahara und Namib im Norden und Süden Wüsten und Halbwüsten. Hinzu kommt an den Küsten im Südlichen Afrika ein schmaler Streifen Winter- und Immerfeuchter Subtropen. Die Hochländer in Ostafrika und die Drakensberge im Süden zählen zu den Hochgebirgen.

Die ganzjährig gleichmäßige Strahlungszufuhr führt in äquatornahen Teilen Afrikas zum typischen tropischen Tageszeitenklima, wobei die Temparaturunterschiede zwischen Tag und Nacht deutlich größer ausfallen als zwischen Sommer und Winter. Außerhalb der ganzjähig humiden Regionen wird der Rhythmus des Lebens von den Regen- und Trockenzeiten vorgegeben.

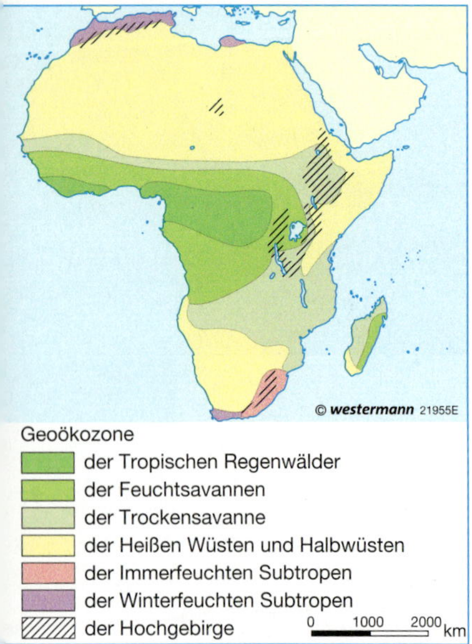

M1: Geoökozonale Gliederung Afrikas

M2: Quellentext zum afrikanischen Klima
Siegmund, A., Frankenberg, P., Volz, D.: Afrika - Klima (Diercke Handbuch, 2010)

Anteil der Vegetationszonen in Subsahara-Afrika
- *Wüsten 35 %*
- *Trockensavannen 31 %*
- *Feuchsavannen 21 %*
- *Tropischer Regenwald 11 %*
- *Hartlaubgehölze 2%*

»

Dass Afrika über ein äußerst facettenreiches Klima verfügt, zeigen sowohl die großen Schwankungen hinsichtlich der Temperatur als auch die extrem ungleiche Verteilung der jahreszeitlichen Niederschläge. Während die Vegetation in den tropischen Breiten von den ganzjährigen sommerwarmen Niederschlägen profitiert, finden sich im Norden und Süden des Kontinents auf Höhe der Wendekreise Wüstenregionen, die zu den trockensten der Erde gehören. Die schweren Dürrekatastrophen, die seit den frühen 1970er-Jahren unter anderem die Sahelzone, Äthiopien und Simbabwe heimgesucht haben – und von deren ökologischen Folgen sich die betroffenen Gebiete zum Teil bis heute nicht erholen konnten –, haben einmal mehr gezeigt, welchen dramatischen Einfluss das Klima auf die menschliche Nutzung haben kann. Gegenwärtig drohen die größten Klimagefahren in Afrika von der Abholzung der tropischen Regenwälder, durch die sich der Feuchtigkeitsgehalt der Luft und damit die Niederschlagsmengen noch stärker verringern könnten, und vom globalem Klimawandel, durch den sich die Lebensbedingungen in den ohnehin schon überdurchschnittlich trockenen Gebieten weiter verschlechtern werden.

«

M3: Tropischer Regenwald in Kamerun

M4: Feuchtsavanne: Upemba National Park (D.R.Kongo)

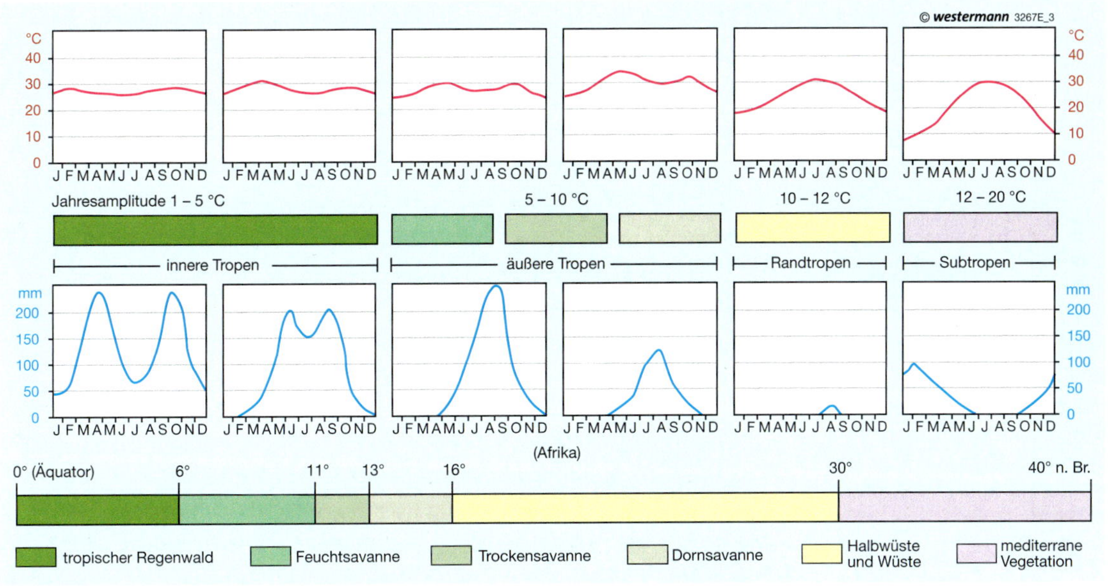

M5: Modellhafte Abfolge von Temperatur, Niederschlag und Vegetation in den Tropen

Während in den Wüsten und Trockensavannen das Wasserangebot den begrenzenden Faktor für die Vegetation oder eine agrarische Nutzung darstellt, ist dies in den Feuchtsavannen und den tropischen Regenwäldern die Bodenfruchtbarkeit.

Merkmale tropischer (Laterit-)Böden

- *mäßige bis sehr geringe Fruchtbarkeit,*
- *sehr starke, oft tiefgründige chemische Verwitterung aufgrund von Wärme und Feuchtigkeit,*
- *Nährstoffarmut,*
- *geringe Kationenaustauschkapizität (geringe Fähigkeit, Nährstoffe zu speichern),*
- *hohe Acidität (pH-Werte unter 5),*
- *Anreicherung von Eisen, Mangan- und Aluminiumoxiden (rote Färbung),*
- *Verkrustung.*

	Niederschläge (in mm/Jahr)	Erneuerbare Wasserressourcen (in m³/m²*Jahr)	
		Oberfläche	Grundwasser
Äthiopien	848	108,7	18,1
D.R. Kongo	1543	546,7	179,5
Mosambik	1032	268,0	21,2
Namibia	285	52,7	2,5
Niger	151	24,5	2,0
Nigeria	1150	302,2	94,2
Sierra Leone	2526	2092,1	348,7
Südafrika	495	40,7	3,9
Tansania	1071	97,4	31,7
Deutschland	700	429,3	128,0

M6: Niederschläge und erneuerbare Wasserressourcen

M7: Trockensavanne: Amboseli Nationalpark (Kenia)

M8: Fynbos-Landschaft in Südafrika

Naturräume in Afrika südlich der Sahara

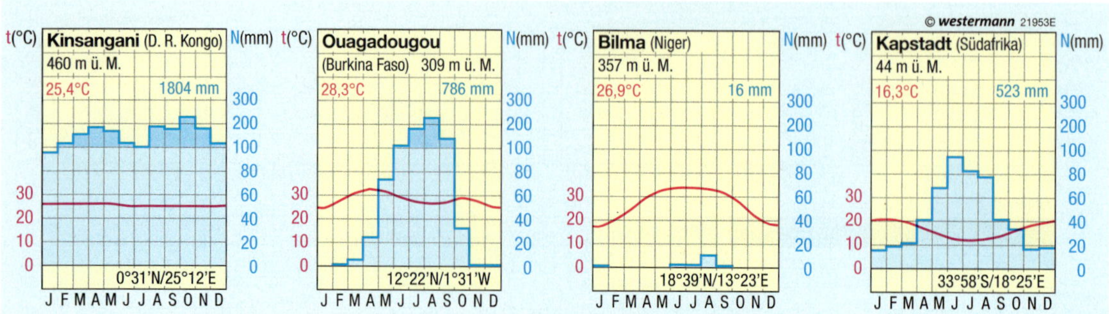

M1: Klimadiagramme ausgewählter Stationen in Subsahara-Afrika

M2: Quellentext zum landwirtschatlichen Potenzial von Subsahara-Afrika
Rauch, T.: Afrika im Prozess der Globalisierung (2007)

»

Leicht lässt sich daraus das Bild einer Region ableiten, deren Wirtschaftsentwicklung allein aufgrund ungünstiger natürlicher Bedingungen blockiert ist (Mangel an „Standortgunst"). Allerdings leben weniger als zehn Prozent der Bevölkerung südlich der Sahara in der besonders benachteiligten Zone der humiden Tropen, nur etwa 15 Prozent in den dürregefährdeten semiariden Standorten des Sahel oder im südlichen Afrika. Etwa Dreiviertel der Bevölkerung hat sich in den für Ackerbau hinreichend geeigneten Savannenregionen („Gunstregionen") angesiedelt. Der Anteil der für ackerbauliche Nutzung relativ uneingeschränkt (ohne Bewässerung) geeigneten Fläche wird auf 13 bis sechzehn Prozent geschätzt. (...) Tatsächlich genutzt werden davon derzeit zwölf Prozent. Die Spielräume für eine Extensivierung, sprich Flächenausweitung, (...) werden also langsam kleiner: Nur 20 bis 25 Prozent der Bevölkerung leben in Regionen, in denen eine Ausweitung der Anbaufläche auf nachhaltiger Basis möglich ist. Dagegen ist das Intensivierungspotenzial (Ertragssteigerung bei gleichbleibender Fläche durch technische Verbesserungen) vielerorts längst nicht ausgeschöpft.

«

		1980	1996	2012
Getreide	Anbaufläche (in Mio. ha)	48,5	71,0	88,0
Knollenfrüchte		10,4	17,4	25,4
Hülsenfrüchte		8,5	15,7	23,5
Ölfrüchte		14,2	20,0	28,8
Getreide	Produktion (in Mio. t)	53,5	85,3	132,7
Knollenfrüchte		70,5	138,5	254,2
Hülsenfrüchte		4,6	7,0	14,8
Ölfrüchte		3,6	5,7	9,3

M3: Subsahara-Afrika: Anbauflächen und Produktion ausgewählter Feldfrüchte

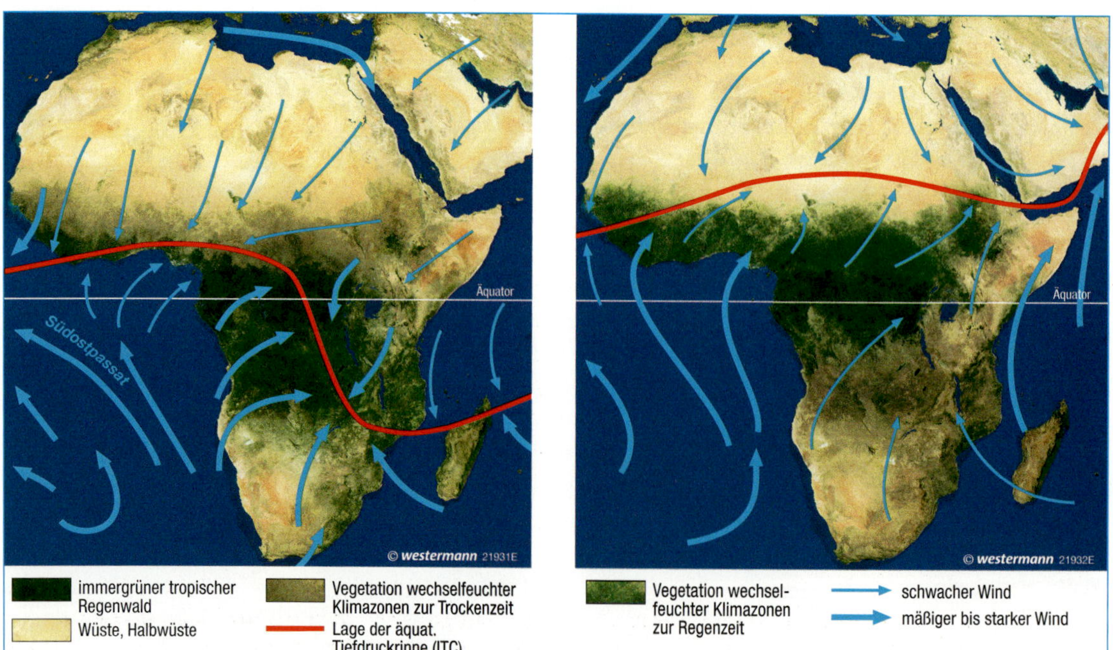

M4: Afrika: Vegetationsbedeckung im Januar und Juli

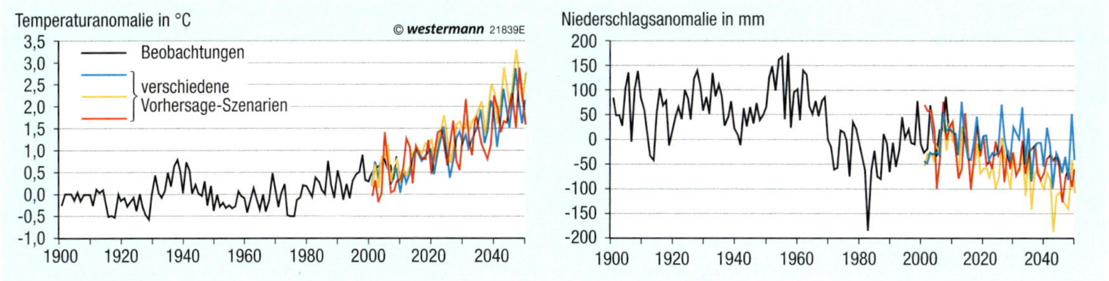

M5: Trends bei der Entwicklung der Temperatur und des Niederschlags in Westafrika

Klimawandel

»

Unter den Vorgaben fortführender menschlicher Aktivität wird das Klima im subsaharischen Westafrika deutlich wärmer und vor allem trockener werden, ein Trend, der sich für die Temperaturen schon heute zeigt (M5). Dabei hat die Landnutzungsänderung sowohl bei der Erwärmungsrate als auch beim Niederschlagsrückgang einen verstärkenden Effekt. In der Konsequenz würden sich Dürreereignisse wie in den 1970er- und 80er-Jahren in Zukunft häufen und in ihrem Ausmaß sogar noch verstärken. [Klimatologen] *haben ferner gezeigt, dass nicht nur die Gesamtsumme der Niederschläge rückläufig ist, sondern auch die Trockenphasen innerhalb der Sommermonsunperiode länger werden. Beides hätte direkte Auswirkungen auf die natürliche Vegetation und die land- und viehwirtschaftliche Inwertsetzung im subsaharischen Westafrika. (...) Die Entwicklung der Vegetation der letzten Jahrzehnte zeigt wiederum, dass durchaus positive Trends möglich sind, die unabhängig von der Klimaentwicklung stattfinden (M7). Die Anpassungsfähigkeit der Bevölkerung, die sich in den letzten Dekaden gezeigt hat und die die positiven Entwicklungstendenzen eingeleitet hat, sollte Anlass zur Hoffnung geben, dass auch eine Adaption an zu erwartende Umweltveränderungen möglich sein könnte.*

«

M6: Quellentext zu Folgen des Klimawandels in Westafrika
Brandt, M., Paeth, H., Samimi, C.: Vegetationsveränderungen in Westafrika – Spiegel von Klimawandel und Landnutzung. Geographische Rundschau 9/2013

M7: Pflanzung von Gummiarabikumbäumen im Senegal

Biodiversität

Subsahara-Afrika verfügt sowohl in Qualität als auch Quantität noch über die zweithöchste Biodiversität unserer Erde. Acht subsaharische Regionen sind international als „Biodiversity Hot Spots" anerkannt, das heißt als Regionen, in denen die Biodiversität besonders hoch ist (min. 1500 endemische Arten von Gefäßpflanzen) und die als Ökosystem besonders bedroht sind (M8). Die wichtigsten Bedrohungen für die Biodiversität in Afrika sind die Veränderungen in der Landnutzung und Landbedeckung, vor allem durch die Umwandlung von natürlichen Ökosystemen – insbesondere Wald und Grasland – in Ackerland und städtische Siedlungen. Nur etwa sechs Prozent der Fläche Afrikas sind geschützt. Am meisten gefährdet sind die bereits stark entwaldeten Gebiete West- und Ostafrikas, während die Savannengebiete im östlichen und südlichen Afrika sehr viel großflächiger in Nationalparks (vgl. 3.5, 3.9) geschützt sind.

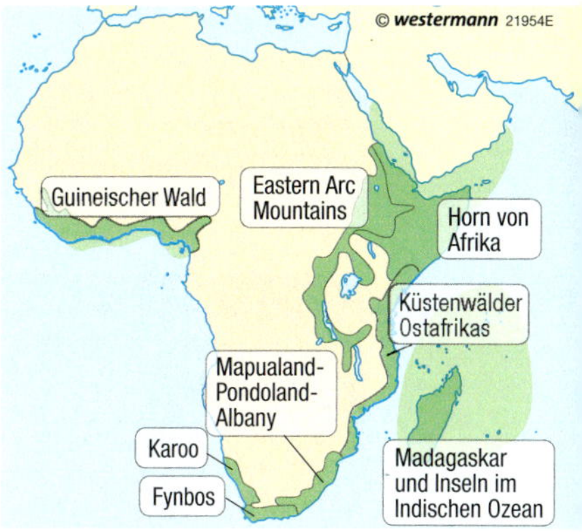

M8: Biodiversity Hot Spots

1 **Beschreiben Sie die Temperatur- und Niederschlagsverhältnisse in den Geoökozonen Subsahara-Afrikas.**
2 **Erläutern Sie die limitierenden Faktoren einer agrarischen Nutzung in diesen Zonen.**
3 **Erörtern Sie die Folgen des Klimawandels für Subsahara-Afrika.**

D1-132 www.diercke.de
D1-236 www.diercke.de

Nahrungssicherheit
(Food security) Situation, bei der alle Menschen zu jeder Zeit physischen, sozialen und ökonomischen Zugang zu ausreichender, sicherer und nahrhafter Nahrung haben, die ihrem physiologischen Bedarf, den Nahrungsgewohnheiten und Nahrungspräferenzen genügt und ein aktives und gesundes Leben garantiert (FAO-Definition)

Food Crops
Grundnahrungssmittel, vorwiegend für die Selbstversorgung und den Konsum im Inland

Cash Crops
Für den Export bestimmte Agrarprodukte

Kultivierte Fläche zur Versorgung eines Menschen:
Welt: 0,12 ha
Subsahara-Afrika : 0,25 ha

„Solange afrikanische Bauern nicht durch Kriege oder lang anhaltende Trockenheit behindert wurden, ist es ihnen in etwa gelungen, die Produktion entsprechend dem Bevölkerungswachstum zu steigern. Darüber hinaus haben sie ihre Produktion allerdings nicht erhöht, weil die Marktbedingungen nicht attraktiv genug waren, als dass sich eine Investition zur Intensivierung der Produktion gelohnt hätte."
Theo Rauch, deutscher Geograph (2010)

Zwar sind die meisten Menschen Subsahara-Afrikas noch immer in der Landwirtschaft beschäftigt, diese schafft es aber nicht, überall für Nahrungssicherheit zu sorgen. Die Gründe hierfür sind vielgestaltig.

Über 70 Prozent der ländlichen Bevölkerung des subsaharischen Afrikas sind in ihrer Überlebenssicherung im Wesentlichen auf die Landwirtschaft angewiesen. Zugleich müssen die Kleinbauern die ständig wachsende städtische Bevölkerung, die auf die heimische Nahrungsmittelproduktion als Quelle bezahlbarer, kulturell und ernährungsphysiologisch angepasster Nahrungsmittel angewiesen ist, mit versorgen. Doch in vielen Ländern Subsahara-Afrikas schafft es die Landwirtschaft nicht, die Bevölkerung ausreichend mit Nahrungsmitteln zu versorgen (**Food Crops**). Die Folge hiervon ist, dass noch immer 22 Prozent der Menschen unterernährt sind (226,4 Mio., 2013) und dass Nahrungsmittel importiert werden müssen. Zudem verharren viele Kleinbauern in der Subsistenzwirtschaft, statt für lokale, regionale oder gar internationale Märkte landwirtschaftliche Produkte hoher Qualität zu produzieren. Ihre Produktivität ist im weltweiten Vergleich äußerst gering. Eine Reihe von Gründen ist für diese Situation verantwortlich:

- die klima- und bodenbedingten Nachteile mancher agrarökologischer Standorte (vor allem durch geringe Verfügbarkeit von Wasser, vgl. 2.1),
- die demographische Situation (Bevölkerungswachstum, Landflucht)
- Naturkatastrophen, Dürren,
- lokal und global verursachte Veränderungen der Ökosysteme (z.B. Zunahme von Degradation/Desertifikation durch Überweidung und Klimawandel, vgl. 2.7),
- (Bürger)Kriege, Konflikte zwischen Viehhaltern und Ackerbauern (vgl. 2.7),
- ineffiziente landwirtschaftliche Strukturen (veraltete Anbaumethoden und Geräte, keine Bewässerung, geringer/ineffezienter Düngereinsatz, kein Einsatz von Hochertragssorten, Überbeanspruchung der Böden, vgl. 2.3),
- politische „Fehler" (hohe Exportabgaben, Handelsbeschränkungen, Freigabe der Nahrungsmittelpreise),
- kolonialhistorisches Erbe (z.T. agroindustrielle Monokulturproduktion),
- Globalisierung der Agrarmärkte (**Cash-Crop**/Energiepflanzen-Produktion für den Weltmarkt, mangelhafte Konkurrenzfähigkeit aufgrund von Agrarsubventionen in Europa und Nordamerika, schwankende Rohstoffpreise, Landnahme/Land Grabbing ausländischer Investoren, vgl. 2.3, 2.5, 2.6),
- schließlich geringe Motivation der Bauern zur Erhöhung der Produktivität (z. B. wegen unattraktiver Marktbedingnungen, fehlender Nachfrage, schlechtem Marktzugang, unzureichender Verkehrsinfrastruktur, Nahrungsmittelhilfe der Industrieländer, Ankauf subventionierten Getreides im Ausland).

M1: Yamsfeld in Zentral-Benin

M2: Weinanbau in Südafrika

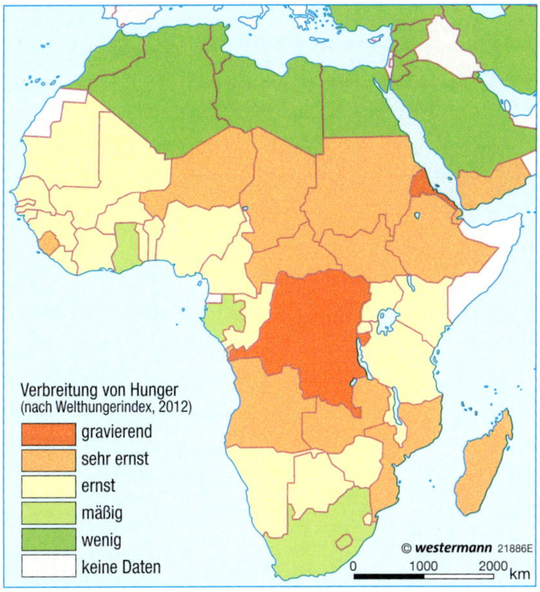

M3: Afrika: Verbreitung von Hunger

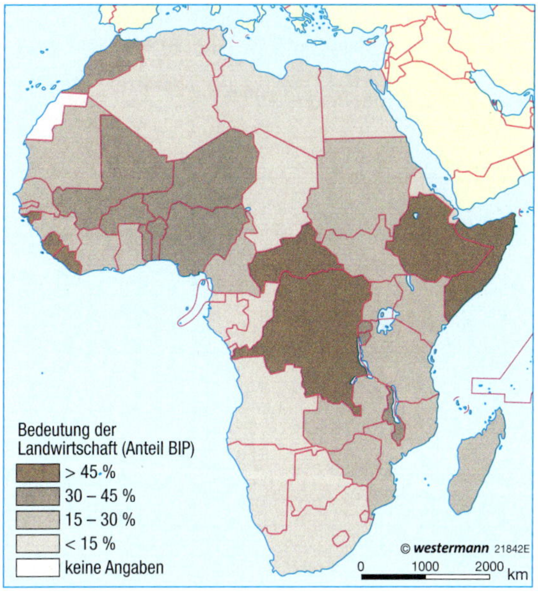

M4: Anteil der Landwirtschaft am Bruttoinlandsprodukt 2010

»

Das Elend bäuerlicher Landwirtschaft und seine Folgen für Ernährungssicherheit und Nachhaltigkeit sind häufig das Ergebnis eines ungleichen Konkurrenzkampfes zwischen großen, weltmarktorientierten Unternehmen und kleinbäuerlichen Familienbetrieben; ganz zu schweigen von Millionen Höfen, die bestenfalls genug, häufig sogar zu wenig für die eigene Versorgung produzieren. Nur bei auskömmlichen Preisen werden sie mehr produzieren, als sie verbrauchen können und so zu mehr Ernährungssicherheit und Vorsorge beitragen. Voraussetzung dafür ist der Zugang zu einem Markt und die Möglichkeit, bei überschaubarem Risiko zu investieren. An diesen Grundvoraussetzungen scheitern heute Millionen von Bäuerinnen und Bauern, denen selbst der lokale und nationale Markt verschlossen bleibt. Es mangelt dafür an Infrastruktur, Anreizen, Information, Konkurrenzschutz und systematischer Entwicklung. Billige internationale Fertigprodukte finden oft leichter Zugang zu den Märkten der Städte des Südens als Produkte der eigenen Region.

«

M5: Quellentext zur kleinbäuerlichen Landwirtschaft
Zukunftsstiftung Landwirtschaft: Wege aus der Hungerkrise (2013)

„Der Mehrwert pro landwirtschaftliche Arbeitskraft lag 2003 in den Industrieländern bei 23 081 US-Dollar und wuchs von 1992 bis 2003 jährlich um 4,4 %. In Subsahara-Afrika lag er bei 327 US-Dollar bei 1,4 % Wachstum. Solange die globale Tretmühle sich auf diese Weise dreht, bleiben (...) sämtliche Bemühungen zur Überwindung der Armut auf dem Lande schwer beeinträchtigt."

Weltagrarbericht (2008)

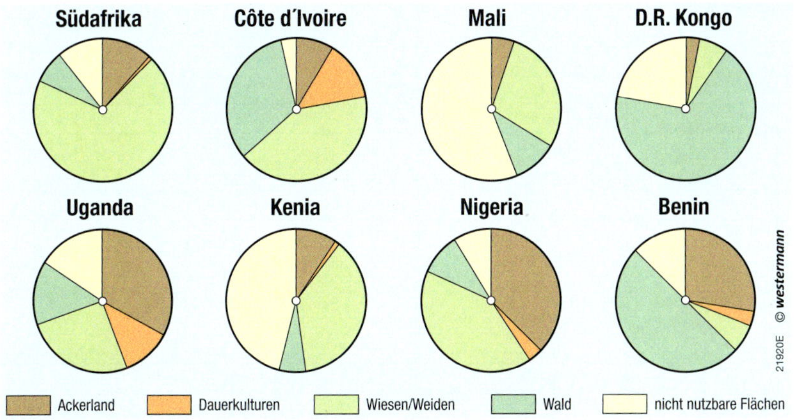

M6: Subsahara-Afrika: Flächennutzung in ausgewählten Ländern

	Größe (in ha)
Asien	1,06
Subsahara-Afrika	1,3
Europa	14,7
Mittelamerika	22,2
Südamerika	50,7
Nordamerika	186,0

M7: Durchschnittliche Hofgröße (in ha) 2010

	Landwirtschaftliche Nutzfläche 2011		Weideland in % der Landesfläche) 2009	Anteil der Landwirtschaft an		Agrarische Rohstoffe	Lebensmittel	Landw. Wertschöpfung je Arbeiter (in US-$) 2010	Ertrag Getreide (in t/ha) 2012	Düngereinsatz (in kg/ha Ackerland 2008
	(in % der Landesfläche)	pro Ew.		Beschäftigung*	BIP 2012	Anteil am Gesamtexport 2011				
Angola	46,8 %	0,20	43,3 %	5,1 %	10,0 %	k.A.	k.A.	867	62	2,0
Äthiopien	35,7 %	0,16	20,0 %	79,3%	48,8 %	8,6 %	78,4 %	248	200	22,8
Benin	30,4 %	0,26	5,0 %	42,7 %	32,4 %	23,6 %	60,8 %	1041	134	0,5
Botsuana	45,6 %	0,13	45,2 %	29,9 %	2,9 %	0,2 %	2,2 %	762	36	k.A.
Cotê d'Ivoire	64,5 %	0,15	41,5 %	k.A.	25,0 %	13,5 %	50,7 %	k.A:	172	32,2
Kamerun	20,3 %	0,29	4,2 %	61,3 %	29,9 %	31,6 %	40,1 %	k.A.	172	5,0
Kenia	48,2 %	0,13	37,4 %	61,1 %	29,9 %	10,9 %	47,9 %	369	166	30,3
D.R. Kongo	11,4 %	0,11	6,6 %	k.A.	44,9 %	k.A.	k.A.	285	76	0,7
Mali	34,1 %	0,48	28,4 %	66,0 %	38,9 %	48,0 %	29,8 %	842	167	19,6
Nigeria	83,7 %	0,22	41,2 %	44,6 %	33,1 %	6,1 %	1,8 %	4453	151	5,7
Südafrika	79,4 %	0,23	69,1 %	5,1 %	2,6 %	2,1 %	8,0 %	5567	369	53,2
Tansania	42,1 %	0,25	27,1 %	76,5 %	27,6 %	5,6 %	32,2 %	302	131	6,6
Uganda	70,4 %	0,19	25,6 %	65,6 %	25,9%	7,5 %	54,0 %	223	203	1,7
Subsahara-Afrika	53,9 %	0,23	35,1 %	k.A.	16,2 %	5,1 %	13,1 %	k.A.	k.A.	k.A.
Welt	37,6 %	0,25	25,8 %	k.A.	3,0 %	k.A.	k.A.	k.A.	366	k.A.
Deutschland	48,4 %	0,15	28,1 %	1,6 %	0,9 %	1,0 %	5,0 %	31641	690	211,6

M 1: Kenndaten der Landwirtschaft in ausgewählten Länder (*verschiedene Jahre 2005 - 2012)

M 2: Quellentext zur Ernährungssicherheit in Afrika
Nord, A. K., Luckscheiter, J.: Ernährungssicherheit in Afrika. Perspectives 1/2011

» *Eine der voraussichtlich größten Herausforderungen in Bezug auf die Ernährungssicherheit in Afrika stellt der Klimawandel dar. Aufgrund der Tatsache, dass 95 Prozent der afrikanischen Landwirtschaft mit Regen gespeist werden, ist der ohnehin fragile landwirtschaftliche Bereich extrem anfällig für den Klimawandel. Höhere Temperaturen und eine Zunahme von extremen Wetterereignissen wie Dürren und Überschwemmungen führen nach und nach zu einem Rückgang in der landwirtschaftlichen Produktion. Die Fähigkeit der afrikanischen Staaten, ihre Anfälligkeit zu verringern und die Widerstandsfähigkeit des Agrarsektors zu stärken, scheint limitiert. Die ausschlaggebenden Faktoren sind im Wesentlichen die begrenzten personellen und institutionellen Kapazitäten und der Mangel an politischer Koordination und Kohärenz.* «

	Durchschnittliche Nahrungsenergieversorgung (kcal pro Kopf pro Tag) 2011-2013	Durchschnittliche Proteinzufuhr (g pro Kopf pro Tag) 2008-10	Bevölkerung mit Zugang zu einer sicheren Wasserquelle 2011	Verhältnis von Nahrunsmittelimporten zu Warenexporten 2008-2010	Getreideimportabhängigkeitsquote 2007-2009	Mangelernährte Bevölkerung 2011-2013
Angola	2250	46	53 %	4 %	54,6 %	24,4 %
Äthiopien	2240	63	49 %	61 %	10,1 %	37,1 %
Benin	2890	64	76 %	37 %	18,6 %	6,1 %
Eritrea	1730	50	60 %	861 %	58,6 %	61,3 %
Ghana	3220	60	86 %	17 %	30,6 %	<5,0 %
Gabun	2760	82	88 %	5 %	83,3 %	5,6 %
Kenia	2180	60	61 %	17 %	36,1 %	25,8 %
Mosambik	2180	43	47 %	25 %	30,5 %	36,8 %
Nigeria	2740	64	61 %	6 %	14,5 %	7,3 %
Südafrika	3180	84	92 %	4 %	19,3 %	<5,0 %
Tansania	2210	55	53 %	18 %	13,8 %	33,0 %
Subsah.-Afrika	2430	59	63 %	9 %	21,5 %	24,8 %
Industrieländer	3390	104	99 %	5 %	16,0 %	<5,0 %
Welt	2860	79	89 %	5 %	15,7 %	12,0 %

M 3: Indikatoren zur Nahrungssicherheit

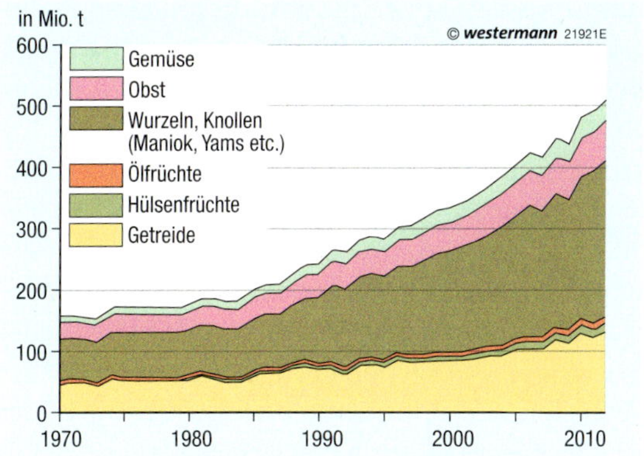

M4: Subsahara-Afrika: Agrarproduktion 1970 - 2012

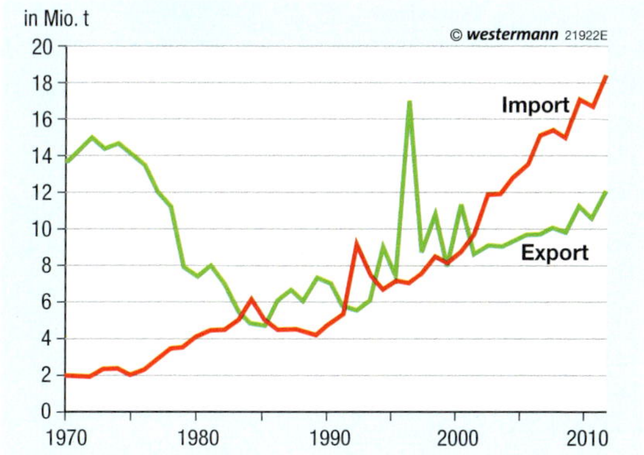

M5: Importe und Exporte von Lebensmitteln 1970 - 2011

»

Insgesamt ist die Produktion bei den (...) Cash Crops in den letzten fünf Jahrzehnten bei weitem nicht so stark gestiegen wie bei den Food Crops (...). Somit wurden die afrikanischen Bauern nicht durch ein Konkurrieren zwischen Food und Cash Crops um sich verknappende Ressourcen davon abgehalten, mehr Grundnahrungsmittel anzubauen, sondern sie hatten kaum irgendwo eine Chance - sei es mit Food Crops oder Cash Crops - ein ausreichendes Einkommen zu verdienen. Diese generelle Aussage gilt sicherlich nicht für alle Orte gleichermaßen. Natürlich gibt es dichtbesiedelte Regionen wie das kenianische Hochland, in denen Kleinbauern, die Subsistenzwirtschaft betrieben haben, ihren Eigenbedarf nicht mehr decken konnten, weil dort vermehrt wirtschaftlich bedeutende Cash Crops angebaut wurden. Es gibt jedoch zu viele andere Orte, an denen Familien auf dem Land verzweifelt (und oft vergeblich) versuchen, ein bisschen dazu zu verdienen, indem sie ihre landwirtschaftlichen Überschüsse verkaufen.

«

M6: Quellentext zur Cash- und Food-Crop-Prouktion
Rauch, T.: Sind die afrikanischen Bauern nicht in der Lage, die Bevölkerung Afrikas zu ernähren (2010)

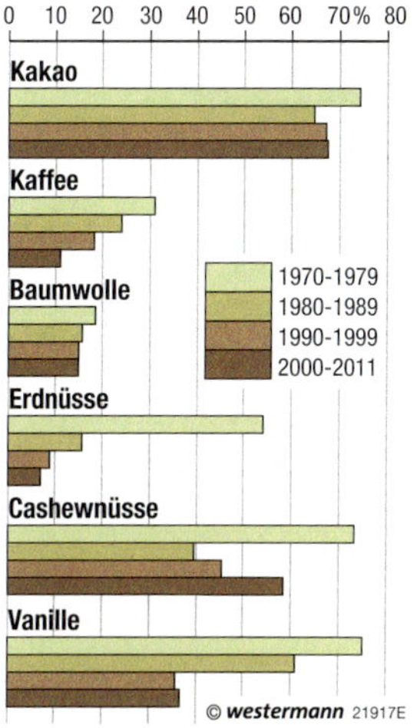

M7: Subsahara-Afrika: Entwicklung der Weltmarktanteile wichtiger agrarischer Exportprodukte 1970 - 2011

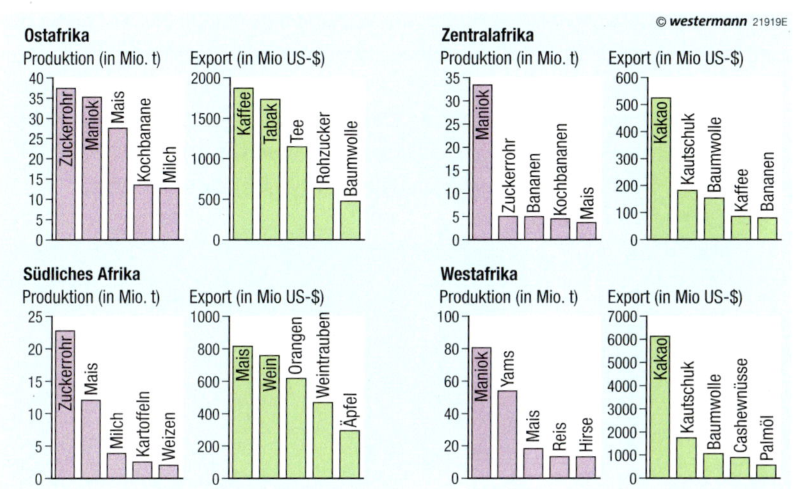

M8: Subsahara-Afrika: Top 5 der Produktion (2012) und der Exporte (2011) bei Agrarprodukten

1 **Vergleichen Sie die landwirtschaftliche Struktur von Äthiopien, Südafrika und Deutschland.**
2 **Vergleichen Sie die verschiedenen Indikatoren zur Nahrungssicherheit.**
3 **Entwickeln Sie einen Maßnahmenplan, um die kleinbäuerliche Produktivität zu erhöhen.**

D1-132 www.diercke.de
D1-250 www.diercke.de

2.3 Agrarische Nutzungsformen: Ackerbau

	Bewässertes Kulturland			
	in 1000 ha	in %	mit OW (in %)	mit GW (in %)
Angola	86	2,3	80,0	20,0
Äthiopien	290	2,8	99,1	0,9
Benin	23	0,8	82,1	17,9
Botsuana	1	0,6	51,8	44,3
Cotê d'Ivoire	48	1,1	100,0	0,0
Kenia	103	1,8	99,0	1,0
Mali	167	5,3	95,6	0,4
Nigeria	238	0,7	77,2	22,8
Südafrika	1 670	13,4	81,5	8,5
Ägypten	3 422	99,4	83,1	10,6
Sudan	1 758	11,0	k.A.	k.A.
Libyen	470	21,7	0,6	98,7
China	62 938	51,4	69,2	30,8
Deutschland	516	4,3	17,9	82,1

OW = Oberflächenwasser, GW = Grundwasser

M1: Bewässertes Kulturland in ausgewählten Ländern (Daten aus 2001 - 2011)

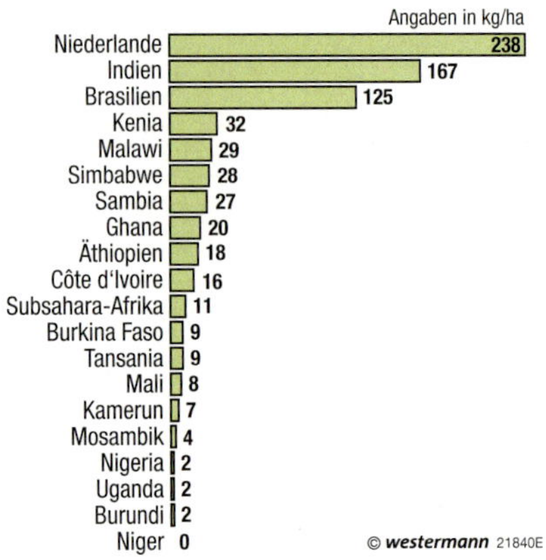

M2: Düngereinsatz in der Landwirtschaft (in kg/ha)

Kulturelle Praktiken, Erzeugungsziele sowie die naturräumlichen Bedingungen tragen zur Mannigfaltigkeit der agrikulturellen Bewirtschaftungssysteme in Afrika südlich der Sahara bei.

Die Agrar- und Bodennutzungssysteme in Afrika sind ebenso wie die sozioökonomischen, kulturellen und naturräumlichen Gegebenheiten äußerst vielfältig. Die Anordnung der Klimagebiete und ihre Höhengliederung schlägt sich in der Verbreitung der Nutzpflanzen nieder: In der Regenwaldzone dominieren Maniok und Kochbanane, Yams in der Feuchtsavanne, Hirse und Erdnuss in den Trocken- und Dornstrauchsavannen. Der Reisanbau auf Bewässerungsflächen spielt eine zunehmende Rolle. In den subtropischen Winterregengebieten hat der Weizenanbau seine Hauptverbreitung. In den Hochländern sind Mais, Bohnen und Süßkartoffeln Grundnahrungsmittel. Auch die Cash Crops lassen sich in Anlehnung an die Landschaftszonen und Höhenstufen gliedern: in der Regenwaldzone Ölpalmen zur Speiseöl- und Energiegewinnung sowie Kakaobaum und Kaffeestrauch, in den Savannen vornehmlich Baumwolle und Erdnuss.

Die Klassifizierung der Anbausysteme in Afrika südlich der Sahara kann nach unterschiedlichen Aspekten erfolgen:

- Die **Wasserversorgung** entscheidet darüber, ob Regen- oder Bewässerungsfeldbau erfolgt. Nur eine geringe Fläche vor allem für Reis und Exportgüter wie Blumen und exotische Gemüse wird künstlich bewässert.
- Die Klassifizierung nach **Brachezeiten** spannt einen Bogen zwischen dem mittlerweile kaum noch realisierbaren traditionellen Wanderfeldbau mit Bodenruhezeiten von bis zu 20 Jahren über den geregelten Flächenwechsel der Landwechselwirtschaft unter Einsatz von Brandrodung bis zum Dauerfeldbau.
- Die Unterscheidung zwischen Mischanbau und Monokulturen richtet das Augenmerk auf die **Pflanzmuster**. Der kommerzielle Anbau ist vor allem durch Monokulturen gekennzeichnet. Die Diversifizierung in Mischkulturen wie etwa Gemüse/Getreide kann ein wirksames Mittel sein, die Verwundbarkeit gegenüber Ernährungskrisen zu verringern.
- Der **Grad der Kommerzialisierung** bringt drei große Gruppen hervor: Subsistenzwirtschaft, teilweise Marktorientierung und ausschließlicher Anbau für den Markt. Etwas 70 Prozent aller Betriebe entfallen auf die ersten beiden Gruppen.
- Schließlich können Anbausysteme auch nach dem **Einsatz von Geräten und Maschinen** zur Bodenbearbeitung klassifiziert werden. Während die Subsistenzbetriebe nach wie vor mit der Hacke und teilweise mit Zugtieren und Pflug arbeiten, werden in kommerziellen Betrieben Maschinen eingesetzt.

M3: Palmölplantage auf Bugala Island, Uganda

M4: Bauer in Nord-Äthiopien

Die wichtigste pflanzliche Öl- und Fettquelle in Afrika südlich der Sahara ist die Erdnuss, die auch als Proteinlieferant für die Versorgung der Bevölkerung eine wichtige Rolle spielt. Die dominanten Kohlehydratlieferanten sind Maniok, Yams, Mais, Sorghumhirse (in Äthiopien die Zwerghirse, Teff) sowie seit den 1960er-Jahren zunehmend Reis. Gartenbau von Gemüse wie Tomaten, Zwiebeln, Paprika, Knoblauch, Aubergine, Salat, und Mohrrüben sowie Obst wie etwa Melonen, Ananas, Äpfel, Bananen, Mangos, Guaven und Orangen dienen der Versorgung der Bevölkerung mit Vitaminen. Produkte aus Gartenbaukulturen werden auch zunehmend exportiert. Sowohl Nahrungsmittel als auch Cash Crops werden je nach Produkt sowohl von Kleinbauern als auch in großen Plantagen angebaut.

M5: Maniokfeld in Mosambik

»

Die vorherrschende afrikanische Landnutzungsform ist die Landwechselwirtschaft. Sie ist im Gegensatz zum Brandrodungs-Wanderfeldbau, bei dem eine durch hohe Ertragsrückgänge erzwungene Verlegung der Felder und Siedlungen stattfindet, ein stationäres System, wird also vom Wohnsitz betrieben. Bei dieser an die Sommerfeuchten Tropen angepassten Form der Nutzung spielt die Dauer der Brache eine große Rolle (M 6). Bei einer Zunahme der Bevölkerung und der Abnahme der Anbaufläche je Person muss diese so gewählt werden, dass auf dem zur Verfügung stehenden Land maximale Erträge erzielt werden. Eine Verbesserung ist der Einsatz von Mineraldünger, der das flächenintensive Brachesystem überflüssig macht und somit vielerorts zu einem permanenten und, soweit möglich, marktorientierten Regenfeldbau führt. Die höheren Kosten werden zum Teil durch den (welt)marktorientierten Anbau von Cash Crops (z.B. Erdnüssen, Baumwolle, Bananen, Tee oder Kaffee) ausgeglichen. Auch die Ausweitung der Bewässerung kann die Produktivität der Landwirtschaft nachhaltig verbessern. Sie ermöglicht Dauerkulturen und erweitert das Anbauspektrum um Obst-, Gemüse- und Spezialkulturen. Allerdings ist die Bewässerung wegen der hohen Kosten, des fehlenden Know-hows und der Belastung von Wasser und Boden (vor allem bei Versalzung) nicht unproblematisch.

«

M6: Quellentext zu Landnutzungsformen in den Sommerfeuchten Tropen
Engelmann, D., Scholz, F.: Diercke Spezial Geoökozonen (2009)

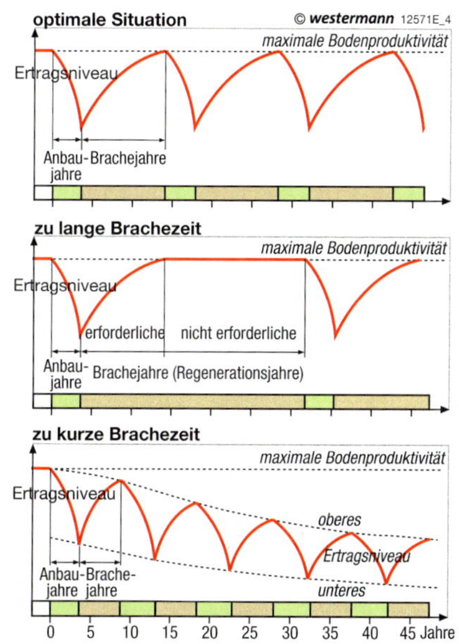

M7: Bodenfruchtbarkeit in Abhängigkeit von Brache- und Anbauzeiten

	Feldfrucht			
	1	2	3	4
Burkina Faso	Sorghumhirse	Millethirse	Mais	
Äthiopien	Mais	Sorghumhirse	Bohnen	Millethirse
Ghana	Erdnuss	Mais	Reis	
Kenia	Mais	Bohnen	Sorghumhirse	
Malawi	Mais	Erdnuss	Bohnen	
Mali	Reis	Millethirse	Sorghumhirse	Erdnuss
Mosambik	Mais	Erdnuss	Reis	Sorghumhirse
Niger	Millethirse	Sorghumhirse	Erdnuss	
Nigeria	Erdnuss	Sorghumhirse	Reis	Mais
Ruanda	Bohnen	Mais	Sorghumhirse	Erdnuss
Sierra Leone	Reis	Erdnuss		
Uganda	Bohnen	Mais	Erdnuss	
Sambia	Mais	Erdnuss		

M8: Wichtigste Nahrungspflanzen anhand der Samenproduktion

Hirse
Es werden zwei Hauptgruppen unterschieden: Millethirse (kleinkörnig, viele Gattungen, Anbau abnehmend) und Sorghumhirse (größere Körner, bessere Hektarerträge, Anbau zunehmend), Verwendung vor allem als Breinahrung und Futtermittel

1 Beschreiben Sie die agrarische Nutzung in West- und Ostafrika (Atlas).
2 Erläutern Sie die Bedeutung von Bewässerung und Düngereinsatz für die subsahrische Agrarwirtschaft.

D1-132 www.diercke.de
D1-238 www.diercke.de
D1-240 www.diercke.de

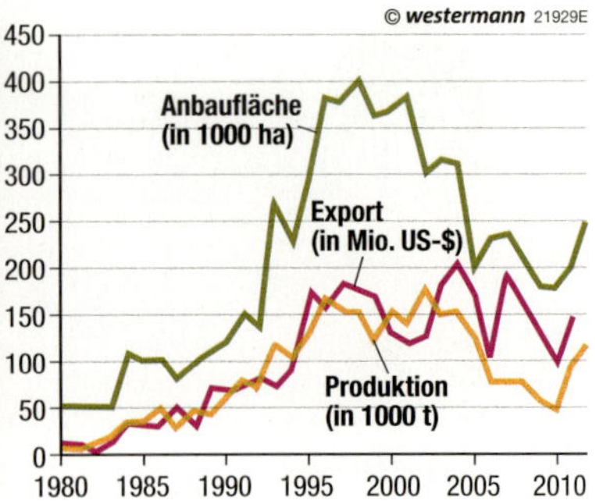

M1: Benin: Anbaufläche, Produktion und Export von Baumwolle 1980 - 2012

M2: Quellentext zur Ausweitung des Baumwollanbaus in Benin
Scholz, F.: Diercke Spezial: Globalisierung Diercke Speial (2010)

Benin

In Benin sind traditionell die Knollengewächse Maniok und Yams die wichtigsten pflanzlichen Lebensmittel, die auf großen Flächen in Landwechselwirtschaft sehr arbeitsintensiv angebaut werden. Bereits in der Kolonialzeit kamen als Exportprodukte Erd-, Kokos- und Cashewnüsse sowie Ananas und vor allem Baumwolle hinzu. Letztere wird in gesamt Westafrika weit verbreitet angebaut (M7), wenn auch der westafrikanische Anteil an den weltweiten Exporten lediglich etwa 6,5 Prozent (2011) beträgt. In Benin fand ein umfangreicher Ausbau des Baumwollanbaus in den 1990er-Jahren statt, als das nahezu zahlungsunfähige Land ohne nennenswerte Industrie oder Bodenschätze im Zuge der Strukturanpassungsmaßnahmen von Weltbank und IWF gezwungen war, seine Diviseneinnahmen zu erhöhen. Hieran beteiligten sich Kleinbauern aus Zentral-Benin, Nomaden aus dem Norden und Stadtbewohner von der Küste.

»

Es ist nicht übertrieben, diese Ausdehnung des Baumwollanbaus als Landnahme zu bezeichnen. Weite Teile der bislang siedlungsleeren Trocken-, Busch- und Grassavanne in Nord-Benin wurden mittels traditioneller Brandrodung in Siedlungs- und Nutzungsflächen verwandelt. Darauf setzte – aus Unerfahrenheit oder auch aus ökonomischem Zwang – eine über Jahre währende raubbauartige, monokulturelle Nutzung mit Baumwolle ein: Düngung fand in Ermangelung finanzieller Mittel (für Kunstdünger) nicht statt; eine natürliche Regeneration der Bodenfruchtbarkeit durch Ruhejahre (Brache) konnten sich die Bauern nicht leisten. Die Aschedüngung mittels Verbrennen der Baumwollsträucher nach der Ernte reichte nicht aus, um die Bodenfruchtbarkeit wiederherzustellen. (...) Folge dieser ökologischen Entwicklung ist seit etwa 2002 eine Schrumpfung der Anbaufläche und ein ständiger Produktionsrückgang. (...) Nachhaltig betroffen waren davon mehrheitlich die Kleinbauern und ehemaligen Nomaden, die mit Baumwolle in der ökologisch prekären Trocken- und Dornsavanne ihr Glück gesucht (...) haben.

«

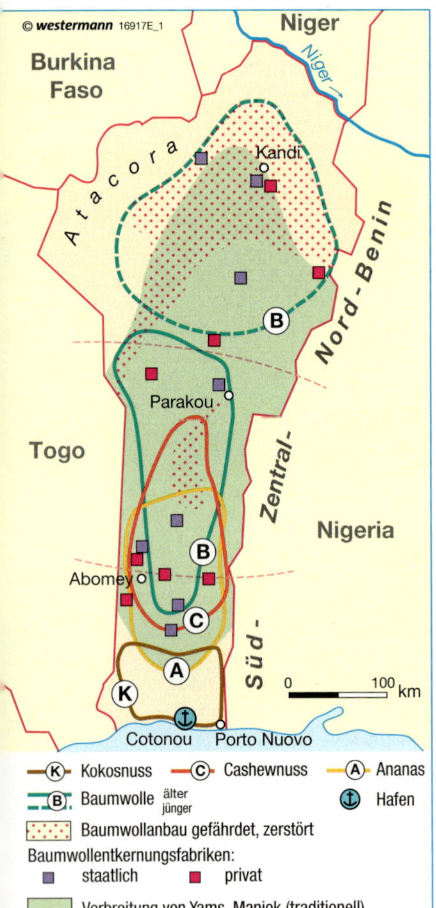

M4: Benin: Baumwollanbau

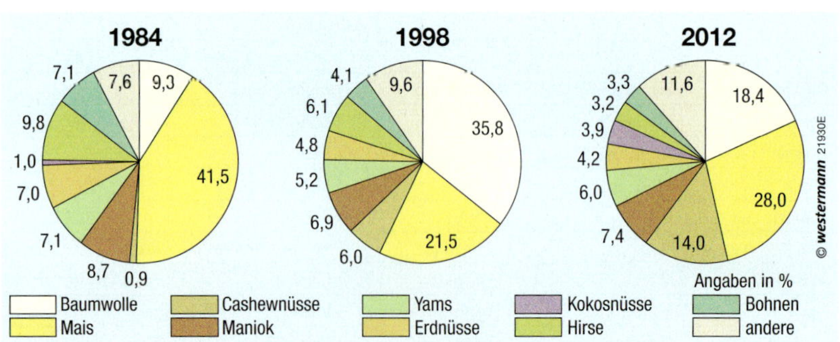

M3: Benin: Anbauflächen (Anteil an Ackerbauflächen, in %) 1984 - 2012

	1980	1990	2000	2012
Maniok	582,2	937,3	2350,2	3295,8
Yams	694,4	1046,1	1742,0	2739,0
Cashew	1,1	3,0	40,0	170,0
Ananas	3,0	27,0	53,0	375,6

M5: Benin: Produktion ausgewählter Food- und Cash-Crops (in 1000 t) 1980 - 2012

	1980	1990	2000	2012
Maniok	88,4	117,5	219,4	247,7
Yams	67,4	93,8	155,8	200,4
Cashew	10,0	20,0	185,0	468,0
Ananas	0,3	0,9	1,2	6,5

M6: Anbauflächen ausgewählter Food- und Cash-Crops (in 1000 ha) 1980 - 2012

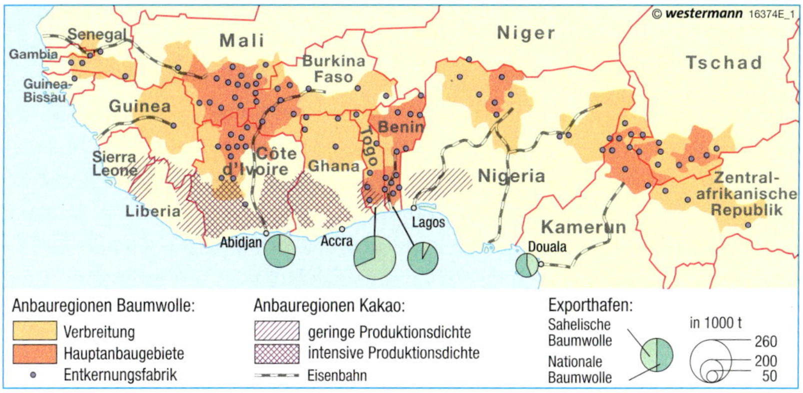

M7: Baumwoll- und Kakaoanbau in Westafrika

M8: Nicht mehr nutzbares Feld nach circa zwölf Jahren Baumwollanbau in Nord-Benin

Kakaoproduktion in Westafrika

»

Der klassische Anbau des Kakaobaums erfolgte bis in die Mitte des vergangenen Jahrhunderts zumeist in mehrschichtigen Agroforstsystemen im Unterholz aufgelichteter Naturwälder. In der Agroforstwirtschaft, hier definiert als eine naturnahe Form der Landnutzung, werden z. T. vorhandene mehrjährige Holzpflanzen in Kombination mit weiteren landwirtschaftlichen Nutzpflanzen auf derselben Fläche angebaut. Die daraus resultierenden biophysikalischen und chemischen Effekte vergrößern die Biomasse und führen zu einer gestiegenen Menge pflanzenverfügbarer Nährstoffe. Erst seit der zweiten Hälfte des 20. Jhs. wird infolge der Rodung großer Waldgebiete in Westafrika der Kakao in Massenproduktion in Form großflächiger Monokulturen und größerer Pflanzungen zumeist ohne schattenspendenden Überstand angebaut. (...) Heute dominieren in Westafrika kleinbäuerliche Pflanzungen und Familienbetriebe den Großteil der Kakaoproduktion. Momentan eröffnet sich in Westafrika die Chance, die großflächig erforderliche Verjüngung der überalterten Kakaopflanzungen für die sukzessive Integration von Agroforstsystemen in die Kakaoproduktion zu nutzen und damit zur partiellen Wiederaufforstung tropischer Waldbestände beizutragen. Insbesondere die Methode der Agroforstnutzung bietet Kleinbauern langfristig die Chance zu einer ökologisch und ökonomisch nachhaltigeren Kakaoproduktion zurückzukehren, die das individuelle Produktionsrisiko zusätzlich minimiert.

«

M9: Quellentext zum Kakaoanbau in Westafrika
Mund, J. P.: Kleinbäuerliche Kakaoproduktion in Westafrika. Geographische Rundschau 9/2013

Kakaobaum
Immergrüne tropische Unterholzvegetation, urspr. aus Lateinamerika, benötigt nährstoffreiche Böden, Ø-Temperatur 24 -28 °C, hohe Luftfeuchtigkeit, gleichmäßige hohe Niederschläge

	Produktion (in Mio. t)	Anteil an Weltproduktion
Côte d'Ivoire	1650	33,0 %
Indonesien	936	18,7 %
Ghana	879	17,6 %
Nigeria	383	7,7 %
Kamerun	256	5,1 %

M10: Die fünf größten Kakao-Produzenten

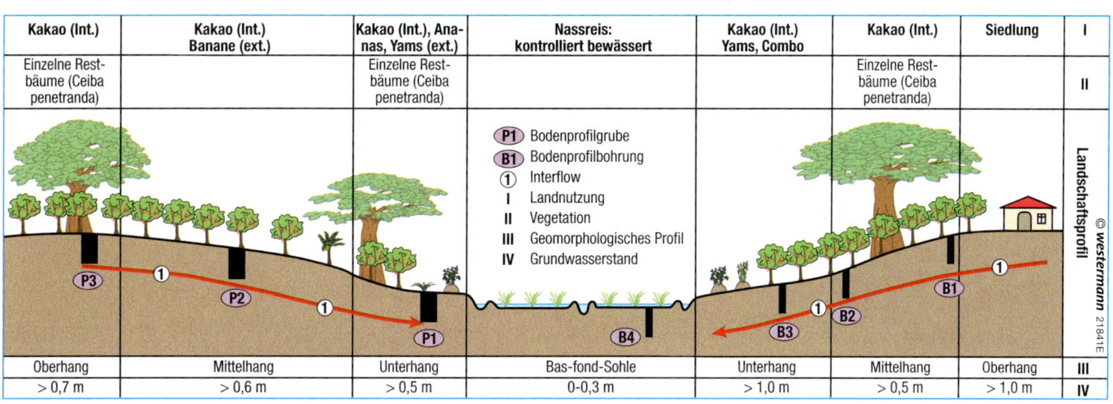

M11: Landschaftsprofil eines gemischten Agroforstsystems mit Schattenbäumen und mehreren Dauerkulturen

M1: Transport der geernteten Kaffeebohnen aus den Kaffeewäldern in Kaffa

Kaffee aus Äthiopien – fair gehandelt und ökologisch angebaut

Äthiopien ist der größte afrikanische Kaffeeproduzent (fünftgrößter weltweit). Der Export des hochwertigen Hochlandkaffees (Arabica) macht 60 Prozent der Exporterlöse des Landes aus. 90 Prozent dieses Kaffees wird von etwa 1,2 Mio. Kleinbauern produziert. Diese Bauern, die sowieso nur einen Bruchteil der Profite einstreichen, gerieten Ende der 1990er-Jahre durch fallende Weltmarktpreise (M2) aufgrund von globaler Überproduktion und Spekulation in starke Bedrängnis. Viele wanderten in die Städte ab oder verhungerten. Andere stellten auf den Anbau des Rauschmittels Khat um oder schlossen sich zu Kooperativen in Zusammenarbeit mit Fairtrade-Handelspartnern zusammen, die unabhängig vom Weltmarktpreis einen Mindestpreis garantieren. Seit einigen Jahren versuchen diese Kooperativen nicht mit Masse, sondern mit aufwändig vermarkteten Spitzen-Kaffee ihre Gewinne zu erhöhen.

M2: Quellentext über eine Kaffeekooperative in Äthiopien
Die Sidama Coffee Farmers Cooperative Union (SCFCU) aus Äthiopien www.fairtrade-code.de

»

Die Kaffeekooperative Sidama Coffee Farmers Cooperative Union (SCFCU) liegt in der Sidama Region im Südwesten Äthiopiens. (...) Dank Fairtrade ist die Kooperative nicht mehr von dem stark schwankenden Weltmarktpreis abhängig, der schon viele Kleinbauernfamilien in den Ruin getrieben hat. Mehr als 30 Prozent des gewaschenen Kaffees Äthiopiens kommen aus der Sidama Region. Von den gut 200 Schälmaschinen der Region gehören 90 zur Kooperative Sidama. Dabei achtet SCFCU darauf, dass die Kaffeebohnen so angepflanzt werden wie in einem Garten: In geringer Dichte und in Ansiedlungsnähe, wodurch unter anderem die Verbreitung von Schädlingen erschwert wird. Gleichzeitig werden die Kaffeepflanzen überwiegend mit biologischen Mitteln gedüngt. Seit der Fairtrade-Zertifizierung 2003 ist die Kooperative nicht mehr von privaten Käufern abhängig und erhält einen Mindestpreis für die Produkte. Die Lebens- und Arbeitsbedingungen der Kleinbauernfamilien haben sich entschieden verbessert. Außerdem konnten mit der Fairtrade-Prämie verschiedene Gemeinschaftsprojekte finanziert werden.

«

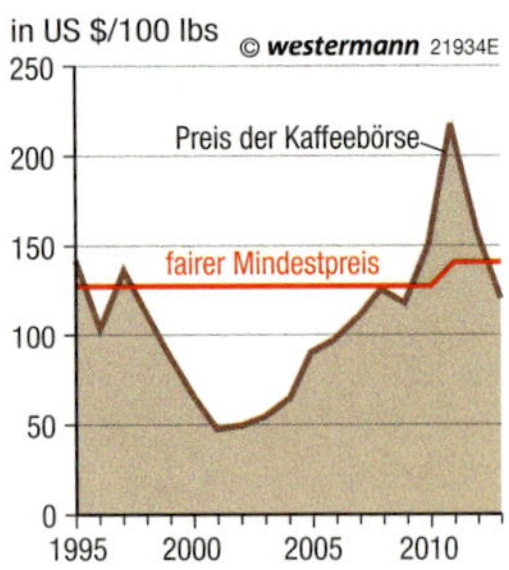

M3: Weltmarkt- und Fairtrade-Mindestpreis für gewaschenen Arabica-Kaffee

M4: Quellentext über ökologischen Kaffeeanbau in äthiopischen Regenwäldern
Bender, S.: Schutz für die wilde Bohne. NABU Naturschutz heute 3/07

»

Die Wälder, von deren ursprünglicher Größe heute nur noch ein geringer Rest erhalten ist, bergen eine echte Besonderheit: wildwachsender Kaffee (Coffea arabica), eine genetische Ressource von unschätzbarem Wert. Die Bevölkerung der Kaffa-Region nutzt seit Generationen den Wildkaffee in angepassten Sammelsystemen für den eigenen Konsum. Einen überregionalen Markt gab es dafür bisher nicht. In einem der ärmsten Länder der Welt drängen jedoch, hervorgerufen durch Bevölkerungswachstum und zunehmende Armut, immer mehr Menschen in die Wälder. Gleichzeitig lassen Investoren den urwüchsigen Wald roden, um konventionelle Kaffee- oder Teeplantagen anzulegen.
Zunächst wurde gemeinsam mit der Bevölkerung ein Wald-Management entwickelt. Dazu gehören die Festlegung von Nutzungsrechten und -praktiken, die Entwicklung von Richtlinien zur Entnahme von Waldprodukten sowie der Aufbau eines verantwortlichen Wald-Komitees. Mit einem Zertifizierungssystem soll die Herkunft des Kaffees garantiert und so auch ein höherer Erzeuger-Preis erzielt werden. Die Qualität des Kaffees wurde für die internationale Vermarktung durch Schulung der Kaffeebauern bei Ernte- und Verarbeitungsprozessen verbessert. Inzwischen ist der Kaffee auch in Deutschland erhältlich.

«

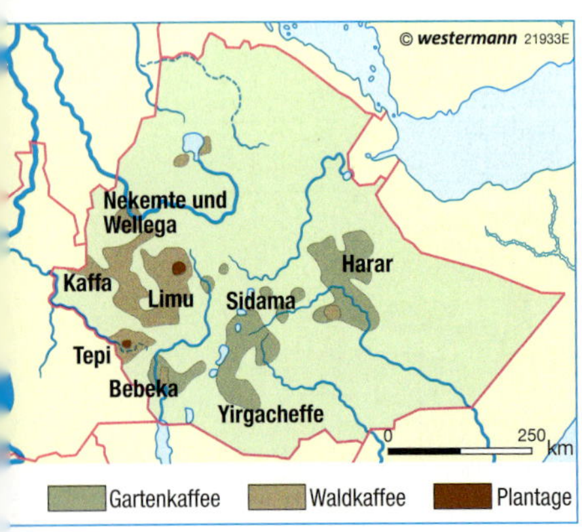

M5: Kaffeeanbauregionen in Äthiopien

Kenia – Schnittblumen und Kartoffeln

Auch in Kenia ist traditionell die Landwirtschaft der wichtigste Wirtschaftssektor. Lange Zeit baute man Mais, Bohnen und Kohl für den Eigenbedarf sowie Tee, Kaffee und Mangos für den Export an. Seit einiger Zeit sind zwei auf den ersten Blick ungewöhnliche Agrarprodukte hinzugekommen. So haben im kenianischen Hochland der Kartoffelanbau und die Blumenproduktion stark zugenommen.

»

Die Kartoffel ist mittlerweile die zweitwichtigste Kultur in der Landwirtschaft, gleich nach Mais. Es gibt 800 000 Bauern, die auf 158 000 ha Kartoffeln anbauen. Insgesamt sind 2,5 Mio. Menschen entlang der Wirtschaftskette im Kartoffelsektor beschäftigt. Mehr als 95 Prozent der Kartoffelbauern sind Kleinbauern und bewirtschaften etwa 0,2 bis 0,3 ha Kartoffeln. Die Kartoffeln werden für die Selbstversorgung genutzt, aber auch verkauft, um Geld zu erwirtschaften. (...). Die Kartoffel hat eine höhere Produktivität als andere Kulturen, weil sie verglichen mit anderen Nahrungsmitteln mehr Kohlenhydrate pro Land- und Zeiteinheit erzeugen kann. Unter natürlichen Bedingungen bringt sie hier in Kenia zwei Ernten im Jahr. Mit künstlicher Beregnung können sogar drei Ernten eingefahren werden.

«

M6: Quellentext zum Kartoffelanbau in Kenia
Interview mit Wachira Kaguongo, Direktor des Nationalen Kartoffel-Zentrums von Kenia (2012)

Frucht		1961	1986	2012
Mais	Anbaufläche (in 1000h)	750	1425	2159
Kartoffel		27	78	143
Mais	Produktion (in 1000 t)	940	2898	3600
Kartoffel		194	498	2915

M7: Kenia: Anbauflächen und Produktion von Mais, Kartoffel

»

Naivasha ist die Hauptstadt der Rosen in Afrika. (...) Am Rande der Stadt liegen die Plantagen, wo rund 50 000 Menschen arbeiten. Immer mehr sind es in den vergangenen 20 Jahren geworden: (...) Parallel liegen in der Sonne glitzernde Gewächshäuser, die größer sind als Fußballfelder. Mehr als 50 000 Blüten pro Hektar. Direkt grenzt der Naivasha-See an, dessen Wasserstand in dem Maße abgenommen, wie der Blumenhandel zugenommen hat. Wassermangel in der Stadt, durch Abwasser und Pflanzenschutzmittel vergiftete Böden sind die Folgen (...) Inzwischen setzten deshalb Unternehmen auf umweltschonende Anbaumethoden. Und auf Löhne, von denen die Angestellten – meist Frauen – leben können.

«

M8: Quellentext zu Rosenproduktion am Naivasha-See
Dürr, B.: Die lange Reise der Rosen. Die Zeit 14.2.2010

M9: Straßenverkauf von Kartoffeln in Kenia

M10: Gewächshaus In Kenia

1 **Analysieren Sie die Entwicklung des Baumwollanbaus in Benin.**
2 **Erläutern Sie die Agroforstwirtschaft am Beispiel des Kakaoanbaus.**
3 **Erklären Sie das Konzept des Fairen Handels am Beispiel Kaffee.**
4 **Vergleichen Sie die Kostenstruktur für herkömmliche und Fairtrade-Rosen aus Kenia (Atlas).**

D1-248 www.diercke.de
D1-132 www.diercke.de

2.4 Agrarische Nutzungsformen: Forstwirtschaft

„Pro Hektar werden in den afrikanischen Tropen nur ein bis zwei Bäume für die Gewinnung von Nutzholz gefällt, da es nur wenig wirtschaftlichen Sinn macht, Wälder zu roden, die weit von Märkten entfernt sind. Dies stehe im Gegensatz zu Südostasien. Dort werden zwischen 10-20 Bäume pro Hektar gefällt."

Yadvinder Malhi, britischer Umweltwissenschaftler (2014)

Durch unregulierte Forstwirtschaft, aber auch durch Brandrodung zur Gewinnung landwirtschaftlicher Flächen sowie Brennholzentnahme und Holzkohlegewinnung zur Energieversorgung ist der afrikanische Wald gefährdet. Nur langsam gibt es Fortschritte hin zu einer nachhaltigen Forstwirtschaft.

Der weltweit zweitgrößte tropische Regenwald im Kongobecken weist mit 0,3 Prozent Waldschwund eine deutliche geringere Abholzung auf als die Wälder in Südamerika und Asien. Zwar werden auch hier dem Wald große Bäume für die Holzindustrie entnommen, aber land- und forstwirtschaftliche Großprojekte sind weitaus seltener. Vielmehr sind Kleinbauern und informelle Kleinbergleute für die Entwaldung verantwortlich. Aber auch die Konflikte der Region tragen dazu bei.

»

Mit einst 28 000 Hektar war der Gishwati-Wald im Westen Ruandas nahe des Kivusees in den 70er Jahren noch der größte Regenwald Ruandas. Dann finanzierte die Weltbank dort eine Ananasplantage. Später siedelten in der Gegend hunderttausende Flüchtlinge. Stückchenweise verfeuerten sie den Regenwald zu Holzkohle. Auf den nackten Hängen pflanzten sie Eukalyptus. Letztlich blieben vom Urwald lediglich 600 Hektar, rund zwei Prozent der ursprünglichen Fläche. Wo einst undurchdringlicher Urwald kaum einen Lichtstrahl durchließ, grasen heute Kühe auf nackten Wiesen wie auf Schweizer Almen. Eine Teeplantage zieht sich durch das Tal. Faustin Gashakamba soll retten, was noch zu retten ist. (...) Der Ruander arbeitet für die US-Organisation Great Ape Trust, die seit 2008 den Wald auf 800 Hektar wieder aufforstet. Zum Teil werden einheimische Setzlinge angepflanzt. Zum Teil „lassen wir geschützt einfach den Wald nachwachsen", sagt Gashakamba. 200 000 Tonnen Kohlendioxid kann der Gishwati-Wald pro Jahr aufnehmen - damit lässt sich per Emissionshandel Geld machen. Ruanda kann diese CO_2-Menge anderen Ländern, die selbst viel CO_2 ausstoßen, in Form von Karbonkrediten verkaufen.

«

M1: Quellentext zur Regenwaldaufforstung in Ruanda
Schlindwein, S.: Ein Ausweg aus dem Holzweg. TAZ 6.12.2012

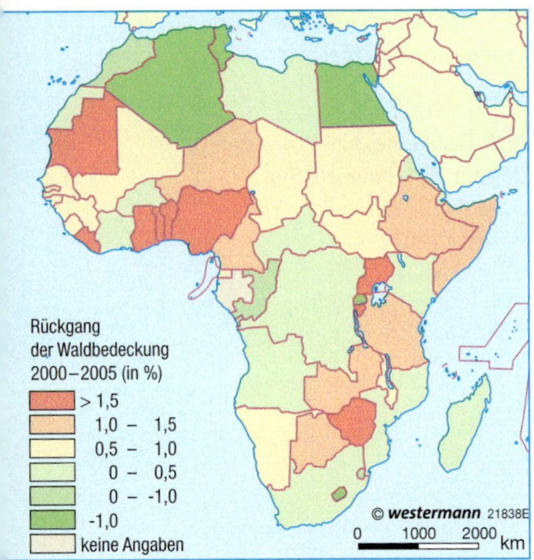

M2: Jährliche Abnahme der Waldbedeckung

M3: Holzfäller bei der Entnahme von Eukalyptus-Bäumen im Gishwati-Wald, Ruanda

Neben der Aufforstung des Waldes (seit 1990: +37 %) und der Errichtung von Nationalparks für ursprünglichen Regenwald versucht man in Ruanda in den Randzonen zu noch bestehenden Wäldern Agroforstwirtschaft zu betreiben (vgl. 2.3), um den Wald zu schützen und den Menschen zugleich die Möglichkeit zu bieten, Landwirtschaft zu betreiben und siedlungsnah Brennholz zu sammeln. Zudem verfolgt das kleine Land seit 2004 eine für die Region einzigartige nationale Waldpolitik, unter anderem mit folgenden Grundprinzipien:

- Durchsetzung einer nachhaltigen Waldbewirtschaftung,
- Erosionsschutz (Bepflanzung steiler Berghänge),
- Vermeidung von Monokulturen und Baumarten mit hohem Wasserbedarf (Eukalyptus),
- Schutz gefährdeter Pflanzenarten (insb. zur Herstellung traditioneller Arzneien)
- Einbeziehung eines breiten Spektrums an Akteuren (öffentliche Institutionen, die Zivilgesellschaft, Waldbesitzer, Jugendverbände und Fraueninitiativen),
- „nachhaltige Waldbewirtschaftung" in Schullehrplänen, jährliche Informationskampagnen.

1 **Erläutern Sie die verschiedenen Ursachen für die Entwaldung im Kongobecken.**
2 **Beurteilen Sie ökonomischen und sozialen Nutzen einer nachhaltigen Waldpolitik.**

D1-238
www.diercke.de

Biomasse in Form von Holz, Nutzpflanzenresten und Haushaltsabfällen deckt in Afrika südlich der Sahara einen Großteil des Primärenergieverbrauchs. Zunehmend wird Afrika auch als Produktionsstandort für Biotreibstoffe „entdeckt".

Da vielerorts zentrale oder dezentrale Energieversorgungseinrichtungen fehlen, ist die Bevölkerung Afrikas südlich der Sahara nach wie vor zu einem wesentlichen Teil auf **Biomasse** für die täglichen Bedürfnisse wie etwa Kochen und Heizen angewiesen. In ländlichen Räumen haben 92 Prozent der Haushalte keinen Zugang zu elektrischer Energie. Die Energieträger sind vor allem Holz und dessen Verarbeitungsprodukte wie Holzkohle. Dabei ist die Energieeffizienz bei der traditionellen Nutzung von Biomasse (z.B. offene Feuerstellen zum Kochen) nicht nur sehr gering, sondern sie zieht auch eine ganze Reihe weiterer negativer Konsequenzen nach sich: Bereits heute sind kilometerbreite Ringe um die Städte frei von Baumbewuchs, was neben den ökologischen Folgen auch dazu führt, dass Energie für die Armutsgruppen immer teurer wird, oder immer mehr Zeit für die Suche nach Feuerholz aufgebracht werden muss.

Primärenergie
Energie, die in den in der Natur in ihrer ursprünglichen Form dargebotenen Energieträgern (z.B. Stein-, Braunkohle, Erdöl, -gas, Holz, Kernbrennstoffe, Wasser, Sonne, Wind) gespeichert ist

Biomasse
Regenerativer Energieträger, der aus den kohlenstoffhaltigen Abfällen diverser menschlicher und natürlicher Aktivitäten stammt (Nebenprodukten der Holzverarbeitung, Resten von Nutzpflanzen, Materialien aus Wäldern, Haushaltsabfällen, Holz)

»

Moderne Energiedienstleistungen können viele dieser Beschwernisse mindern helfen, vor allem durch höhere Energieeffizienz, geringere Innenraumluftverschmutzungen und weniger Druck auf die Umweltsysteme. Der Zugang zu modernen Energiedienstleistungen wird generell als eine unverzichtbare, aber nicht hinreichende Bedingung für wirtschaftliche und soziale Entwicklung gesehen. (...) Moderne energetische Nutzungen von Biomasse wie Pflanzentreibstoffe, Elektrizität und Wärme stellen eine Option für die Modernisierung der Energiedienstleistungen dar. Generell hängt die preisliche Wettbewerbsfähigkeit von Energie aus Biomasse im Vergleich zu anderen Energieträgern sehr stark von lokalen Umständen ab. (...) Etliche afrikanische Länder haben in moderne Energieumwandlung aus Biomasse investiert, vor allem in Kraft-Wärme-Kopplungsanlagen, die Elektrizität und Prozesswärme erzeugen, und in die Produktion von Pflanzentreibstoffen. Malawi ist das führende afrikanische Land in Sachen Ethanol. Auf Mauritius wird mit KWK-Anlagen, die überwiegend mit Bagasse von Zuckerrohr als Substrat arbeiten, erfolgreich Elektrizität erzeugt.

«

M4: Quellentext zur Energie aus Biomasse in Subsahara-Afrika
Albrecht, S.: Weltagrarbericht Bericht zu Afrika südlich der Sahara (2012)

Malawi war Anfang der 1980er-Jahre nach Brasilien eines der ersten Länder, die Benzin Ethanol beigemischt haben. Das Ethanol wird aus Zuckerrohr gewonnen.

M5: Kochen unter freiem Himmel mit Brennholz, Ada Foah im östlichen Ghana

	Energieträger Biomasse (Anteil am Gesamt energieverbrauch)	Zugang zu Elektrizität (Anteil an Bevölkerung)	Bevölkerung (<1,25 US-$/Tag)
Südafrika	11 %	85 %	14 %
Senegal	53 %	57 %	34 %
Angola	66 %	38 %	43 %
Elfenbeinküste	66 %	59 %	24 %
Kenia	78 %	19 %	43 %
Nigeria	79 %	48 %	68 %
Sambia	81 %	22 %	75 %
Mosambik	86 %	20 %	60 %
Tansania	92 %	15 %	68 %
D.R. Kongo	94 %	9 %	88 %

M6: Biomassenutzung (2006), Elektrizitätszugang (2011) und Armut in ausgewählten Staaten Subsahara-Afrikas

2.5 Agrarproduktion für Teller oder Tank

Über die Frage, ob der großflächige Anbau von Pflanzen zur Energiegewinnung der Königsweg für Afrikas Energieprobleme ist, gibt es kontroverse Meinungen. Neben der Befürchtung, dass Energiepflanzen in Konkurrenz zu Nahrungs- und Futterpflanzen treten, gibt es ökologische Bedenken, die vor allem den großflächigen Anbau der jeweiligen Pflanzen betreffen. Aber auch sozio-ökonomische Folgen von Großfarmen, die zumeist in ausländischem Besitz sind, werden kritisiert.

M1: Quellentext zu den Folgen der Produktion von Pflanzentreibstoffen
Friends of the Earth Europe (Hrg): Afrika für jedermann zu haben. Ausmaß und Auswirkungen von Landnahme für Agrartreibstoffe (2010)

»

Die Nachfrage nach Agrotreibstoffen verringert die Nahrungsmittelvorräte für Verbraucher bei Pflanzen wie Kassava, Erdnüssen, Süßsorghum und Mais. Nicht essbare Agrotreibstoffpflanzen wie Jatropha konkurrieren mit Nahrungsmittelpflanzen um das fruchtbare Land. Das Ergebnis bedroht die Nahrungsmittelversorgung armer Gemeinden und treibt den Preis der verfügbaren Nahrungsmittel in die Höhe. Bauern, die auf Agrotreibstoffpflanzen umstellen, laufen Gefahr, ihre Familien nicht ernähren zu können. Zwar legen ausländische Unternehmen Lippenbekenntnisse zu "nachhaltiger Entwicklung" ab, allerdings führt die Agrotreibstoffproduktion und die Nachfrage nach Anbauland zum Verlust von Weideland und Wäldern, zerstört natürliche Lebensräume, und erhöht die Treibhausgasemissionen. (...) Agrotreibstoffproduktion verbraucht Wasser auf Teilen des Kontinentes, wo Trockenheit bereits jetzt ein Problem darstellt. Während Politiker versprechen, dass Agrotreibstoffe vor Ort produzierte Energievorräte für ihre Länder bedeuten, werden die meisten Agrotreibstoffe von ausländischen Unternehmen in Wirklichkeit für den Verkauf auf dem internationalen Markt produziert. Genau wie afrikanische Staaten mitansehen mussten, dass fossile Brennstoffe und andere natürliche Rohstoffe zum Nutzen anderer Länder ausgebeutet wurden, besteht das Risiko, dass Agrotreibstoffe zu minimalem Gewinn der lokalen Gemeinden und Nationalökonomien ins Ausland exportiert werden. Den Gastgeberländern bleiben ausgelaugte Böden, versiegte Flüsse und zerstörte Wälder.

«

Bioethanol
Herstellung durch alkoholische Gärung aus zucker- und stärkehaltigen Pflanzen, in Afrika insbesondere aus Zuckerrohr, Süßsorghum, Mais und Maniok, aber auch Getreide. Bioethanol der zweiten Generation (Cellulose-Ethanol) wird aus Pflanzenresten hergestellt.

Biodiesel
Herstellung durch Umesterung (mit Methanol) von Pflanzenölen aus ölhaltigen Pflanzen, in Afrika vor allem aus Früchten/Nüssen der Ölpalme, Erdnuss, Jatropha

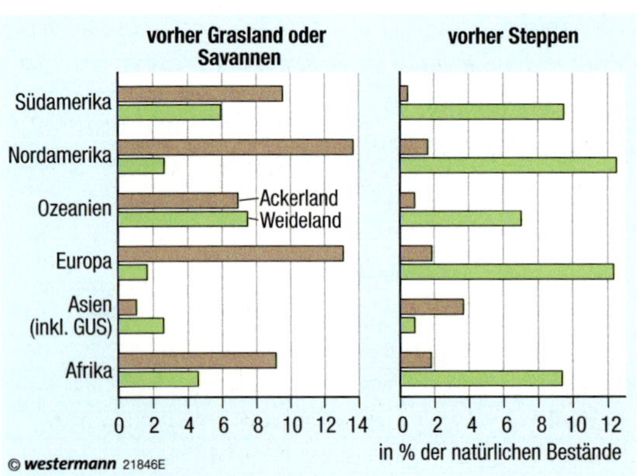

M2: Umnutzung von Grasland, Savannen und Steppen in agrarische Nutzflächen

M3: Zuckerrohrernte in Kakira, Uganda

1 **Erläutern Sie die sozialen, ökologischen und ökologischen Folgen der Verwendung von Biomasse als Primärenergiequelle.**
2 **Erklären Sie die verschiedenen Arten der Agrotreibstoffproduktion.**
3 **Erörtern Sie die Agrotreibstoffproduktion.**

D1-240 www.diercke.de

Afrikas besondere Ressource: Land

Der Erwerb landwirtschaftlicher Flächen in Afrika zum Anbau von Lebensmitteln und Agrotreibstoffen hat seit den Finanz-, Nahrungs-, Energie- und Umweltkrisen Ende der 2000er-Jahre stark zugenommen, da man in deren Folge den Agrarsektor als Investitionsobjekt „wiederentdeckte".

» *Der Begriff Landgrabbing hat weltweit seit dem Jahr 2008 eine steile Karriere gemacht. Landnahme, Landraub, Landgrabscherei? Eine präzise deutsche Übersetzung fehlt bisher. Gemeint sind großflächige Käufe hauptsächlich von privaten, aber auch staatlichen Investoren und Agrarunternehmen, die Agrarflächen kaufen oder langfristig pachten, um sie in eigener Regie zur Herstellung von Agrarrohstoffen zu nutzen. Dabei bewegen sich die internationalen Investoren ebenso wie die staatlichen, halbstaatlichen oder privaten Verkäufer oft in Grauzonen des Rechts und in einem Niemandsland zwischen traditionellen Landrechten und modernen Eigentumsverhältnissen. Häufig könnte man bei Landgrabbing von einer Landreform von oben sprechen oder der Etablierung neuer, privatwirtschaftlicher Kolonialverhältnisse.* «

M4: Quellentext zum Begriff „Land Grabbing"
Zukunftsstiftung Landwirtschaft: Wege aus der Hungerkrise (2013)

Die Preisschwankungen auf den Weltagrarmärkten veranlassten Investoren aus unterschiedlichen Motiven, landwirtschaftliche Flächen in großem Stil zu erwerben. Die Weltbank schätzt, dass bis 2030 weltweit jährlich sechs Mio. Hektar Agrarflächen auf diese Art und Weise neu erschlossen oder umgenutzt werden. Es wird angenommen, dass sich über die Hälfte der weltweiten Nachfrage nach Land auf das subsaharische Afrika richtet. Da sich keine Regierung dieser Welt vorwerfen lassen möchte, den Ausverkauf ihres Landes und damit der Grundlage der Ernährung der Bevölkerung voranzutreiben, ist das exakte Ausmaß des „Land Grabbing" bislang nicht exakt zu quantifizieren. Fast 80 Prozent der verifizierten Landerwerbe in Afrika sollen für landwirtschaftliche Zwecke genutzt werden, wobei dabei ein großer Teil auf die Produktion von Agrartreibstoffen entfällt (M1, S. 40). Die privaten und staatlichen Investoren stammen aus verschiedenen Industrie- und Schwellenländern, aber zu einem gar nicht geringen Teil auch aus den Ländern selbst.

Die Chancen und Risiken von „Land Grabbing" werden kontrovers diskutiert. Neben den Investoren stellen auch einige wissenschaftliche und entwicklungspolitische Experten heraus, dass Landakquisitionen durchaus auch positive Effekte

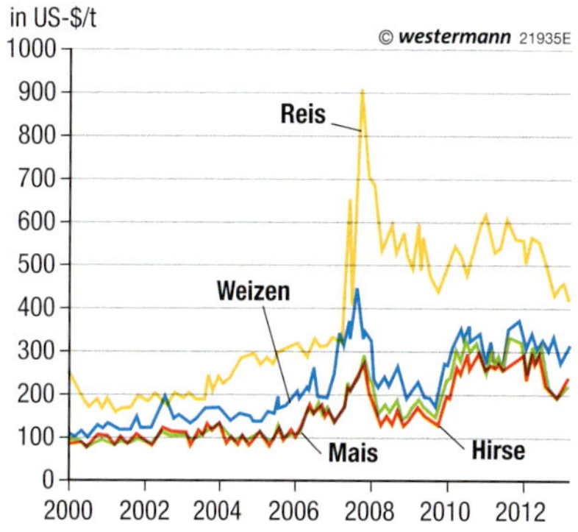

M5: Getreidepreise 2000 - 2013

Akteursgruppen	Zweck
Akteure aus Industriestaaten (Energiekonzerne, Investmendfonds etc.)	Produktion von Agrarrohstoffen (Futtermittel, Agrartreibstoffe), Land als Spekulationsobjekt
Bevölkerungsreiche Staaten mit hohem Bevölkerungswachstum (Japan, Südkorea, China)	Produktion von Nahrungsmitteln, Futterpflanzen und Agrarrohstoffen für eigenen Bedarf
Staaten mit sehr begrenzten Land- bzw. Wasserressourcen, aber hoher Kapitalverfügbarkeit (Libyen, Kuwait, Katar, Saudi-Arabien)	Verringerung der Abhängigkeit vom Weltmarkt bei Lebensmittelproduktion
Nationale Unternehmen in Zielländern (häufig in Kooperation mit ausländischen Investoren)	Gewinnmaximierung

M6: Investoren/Akteursgruppen bei Land-Grabbing-Verträgen

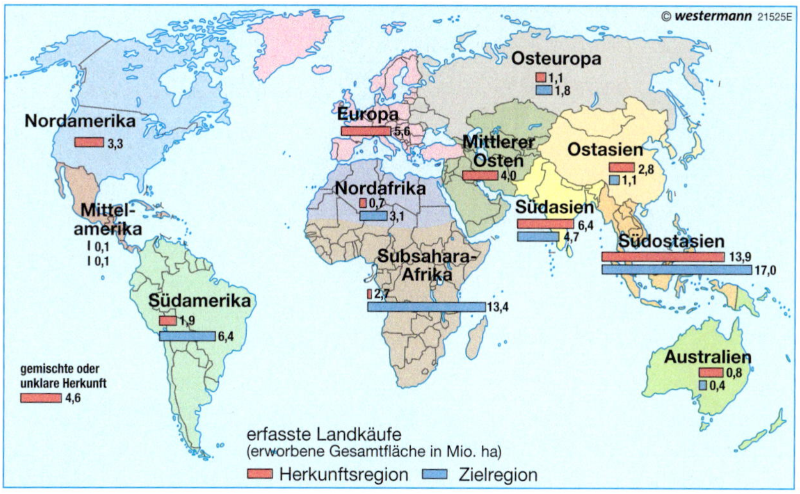

M7: Herkunfts- und Zielregionen von erfassten transnationalen Landkäufen /Land-Grabbing-Verträgen 2000 - 2010 (schätzungsweise 68 Prozent der tatsächlichen Landkäufe)

Afrikas besondere Ressource: Land

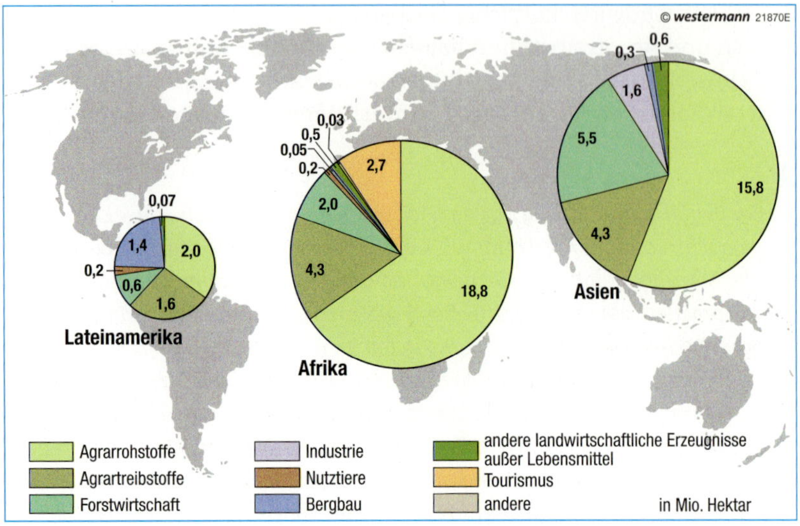

M1: Landkäufe: Investitionen in Afrika, Lateinamerika und Asien nach Sektoren

„Diese sich rapide entwickelnde Situation schafft Chancen, Herausforderungen und Risiken. Mehr Investitionen können makroökonomische Vorteile (BIP-Wachstum und Staatseinnahmen) bringen und Chancen dafür schaffen, lokale Lebensstandards zu erhöhen. Im Fall von ärmeren Ländern mit relativ reichlich vorhandenem Land können neue Investoren Kapital, Technologie, Know-how und Marktzugang mitbringen und eine wichtige Rolle bei der Beschleunigung der wirtschaftlichen Entwicklung in ländlichen Gebieten spielen. Andererseits können Landkäufe in großem Umfang dazu führen, dass lokale Menschen den Zugang zu den Ressourcen verlieren, von denen sie für ihre Ernährungssicherheit und ihr Überleben abhängen."

Dokumentation der Ernährungs- und Landwirtschaftsorganisation der Vereinten Nationen (FAO) (2009)

in den chronisch vernachlässigten Agrarsektoren der Zielländer auslösen oder verstärken können. Die FAO weist darauf hin, dass angesichts des Wachstums der Weltbevölkerung und der Änderung der Ernährungsgewohnheiten die globale Lebensmittelproduktion bis 2050 weltweit um 70 Prozent gesteigert werden muss. Das BMZ betont, dass Investitionen in Land und Landwirtschaft so gestaltet werden müssen, dass sie einen dauerhaften Nutzen für die Länder und ihre Bevölkerung haben. Hierfür müssten eine Reihe von Prinzipien eingehalten werden: Einbindung der betroffenen Bevölkerung, Transparenz der Verhandlungen, Befolgung nationaler und internationaler Gesetze und Standards, Anerkennung bestehender Land- und Nutzungsrechte inklusive der Gemeingüter, Kompensationen für die Verluste dieser Rechte, gerechte Teilhabe für die lokale Bevölkerung, ökonomische, soziale und ökologische Nachhaltigkeit sowie Einhaltung des Menschenrechts auf Nahrung.

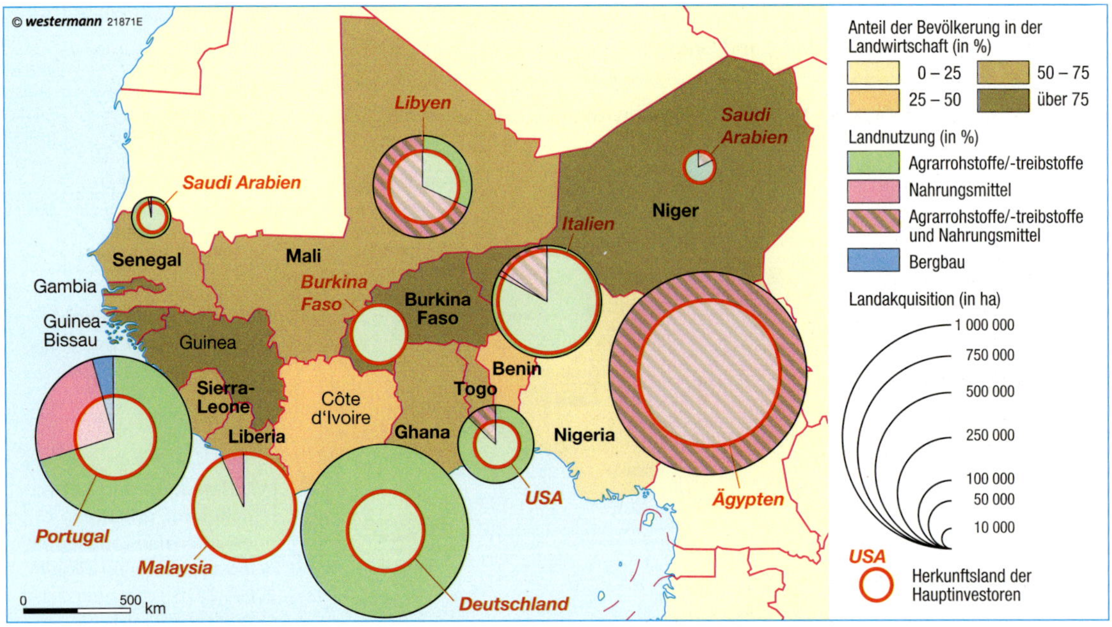

M2: Land Grabbing in Westafrika

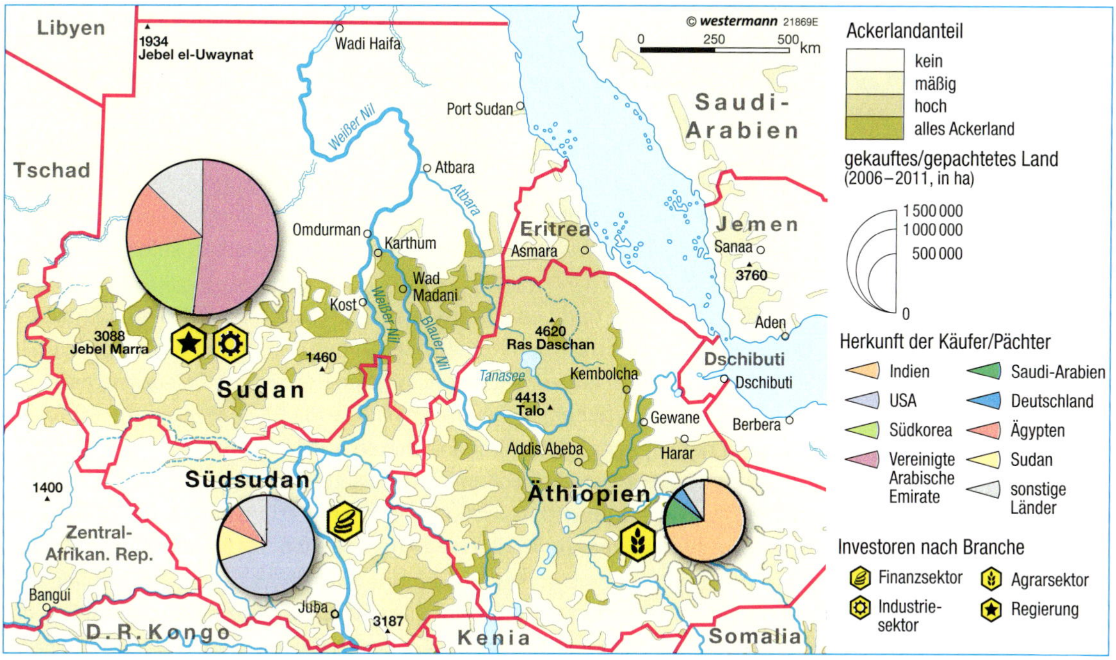

M3: Land Grabbing in Ostafrika

»

Es gibt aber auch zahlreiche kritische Stimmen. Lokale, nationale und internationale Akteure beklagen die finanziell und politisch korrumpierende Wirkung großflächiger Landgeschäfte, den Missbrauch von Demokratiedefiziten in den Zielländern, die Benachteiligung der ländlichen Bevölkerung in landrechtlichen und wirtschaftlichen Fragen gegenüber finanzkräftigen Unternehmen, die Externalisierung der Kosten durch Steuervergünstigungen für Investoren (z. B. steuerfreie Importe und Exporte von Maschinen, Agrarprodukten, kostenlose Wasserversorgung etc.) sowie die undurchsichtigen und unter ungleichen Bedingungen ausgehandelten Pachtverträge. Sie weisen darauf hin, dass Verdrängungsprozesse nicht nur durch die Vertreibung von Grund und Boden, sondern auch durch die Einschränkung des Zugangs zu Ressourcen (Weideflächen, Wälder, Wasserquellen) erfolgen. Es wird darauf hingewiesen, dass das Menschenrecht auf Nahrung nicht vom Recht auf Land getrennt werden kann, dass Ernährungssicherheit und kleinbäuerliche Einkommen gefährdet sind, die neuen Erwerbsmöglichkeiten durch Lohnarbeit überbewertet sind, traditionelle Land-, Weide- und Wassernutzungsrechte sowie Gemeingüter und -ländereien (commons) verloren gehen, Frauen aufgrund unzureichender Landrechte diskriminiert werden und die Zusagen hinsichtlich Kompensationen aufgrund fehlender Anerkennung von Gewohnheitsrechten selten eingehalten werden. Aus ökologischer Perspektive wird davor gewarnt, dass der erhöhte Druck auf die natürlichen Ressourcen und die Industrialisierung der Landwirtschaft zu Umweltschäden führen wird.

«

M4: Quellentext zu den großflächigen Landgeschäften in Afrika

Kersting, P., Doevenspeck, M.: Land grabbing in Westafrika - intensiv diskutiert, kaum untersucht. Geographische Rundschau 9/2012

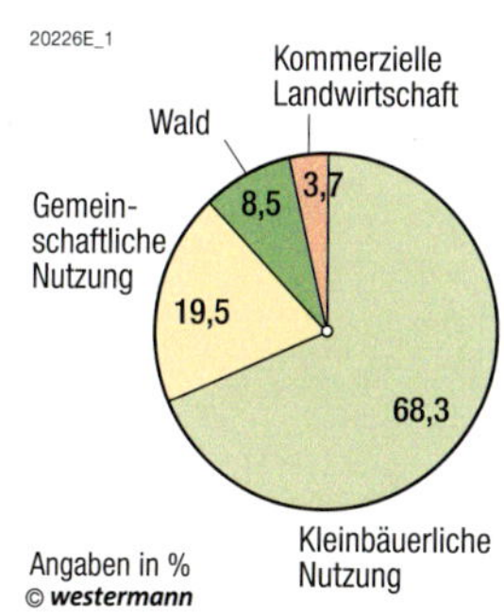

M5: Vorherige Nutzung der erworbenen Flächen bei Land-Grabbing-Verträgen

1 **Beschreiben Sie den Nutzen der Landkäufe für die Investoren.**
2 **Erläutern Sie die möglichen Folgen von Land Grabbing für die subsaharischen Länder.**
3 **Entwickeln Sie ein Modell, mit dem beide Seiten davon profitieren können.**

2.7 Agrarische Nutzungsformen: Tierhaltung

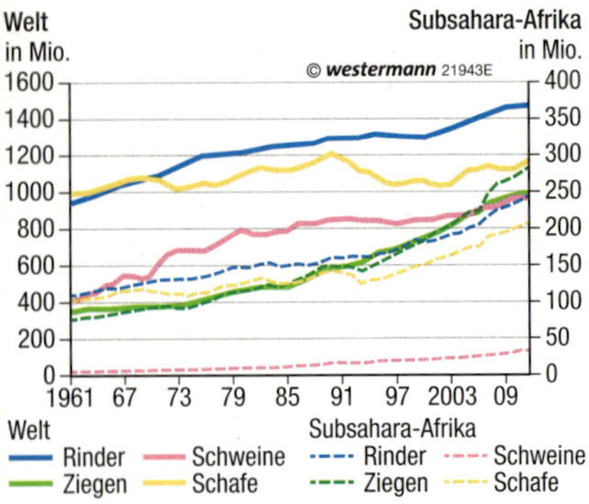

M1: Nutztierbestand in Subsahara-Afrika und der Welt 1961 - 2012

Extensive Viehweidewirtschaft
Großflächige Landnutzung mit geringem Viehbesatz bei geringerer Nutzung anderer Produktionsfaktoren

Halbnomadismus
Form des Nomadismus, bei der nicht die ganze Gruppe mit den Herden mitwandert, sondern in Dauersiedlungen wohnt und zum Teil Ackerbau betreibt

Nutztierhaltung und wild lebende Tiere sind für die Volkswirtschaften Afrikas südlich der Sahara wichtige Einkommensquellen. Neben der kleinbäuerlichen Viehhaltung entstehen zunehmend Großbetriebe in Stadtnähe.

Die kleinbäuerliche Nutztierhaltung trägt in Afrika südlich der Sahara zur Reduzierung der Verwundbarkeit bei. Neben der Lebensmittelerzeugung (Fleisch, Eier, Milch) dienen Nutztiere als Sicherheit bei Ernteausfällen und können in Krisenzeiten verkauft werden. In Kombination mit Ackerbau liefern sie Dünger für die Bodenfruchtbarkeit und können als Zug- und Transportkräfte eingesetzt werden. Tierhäute und Leder werden zur Bekleidungs- und Gebrauchsgüterherstellung genutzt. Die gemischten bäuerlichen Betriebe sind gemessen an der Produktivität je Flächeneinheit die wichtigsten Betriebe zur Erzeugung tierischer Produkte. Die Tierhalter, die 50 Prozent der landwirtschaftlichen Arbeitskräfte ausmachen, erwirtschaften in den Staaten Subsahara-Afrikas etwa 20 bis 30 Prozent des landwirtschaftlichen Bruttoinlandprodukts.
Extensive Viehweidewirtschaft hat als Wirtschafts- und auch Lebensweise eine Jahrtausende währende Tradition in Afrika südlich der Sahara. Rinder, Ziegen, Schafe und Esel sowie in einigen Regionen West- und Ostafrikas Kamele sind die wichtigsten Tierarten dieser Nutzungsform. Wanderungen, die der Qualität und Quantität der Weiden nachfolgen, waren die maßgebliche Maxime dieser Wirtschaftsform. Eine „prestigeorientierte Viehhaltung“, das heißt die Schwerpunktsetzung auf Quantität statt Qualität, hat sich sukzessive auch bei Afrikas großen Viehhaltergruppen zu einer marktorientierten Viehhaltung gewandelt, bei der Geld und die dadurch erwerbbaren Prestigegüter die Rolle der Kopfzahlen übernommen haben. Der Voll- und **Halbnomadismus** als über Jahrhunderte hoch entwickelte und angepasste Wirtschaftsform der Trockengebiete Afrikas, etwa des Sahel, hat im Zuge der Verlagerung der freien Weidewirtschaft in weiter südlich gelegene feuchtere Gebiete aufgrund von Desertifikation und Weidevernichtung zu zunehmenden Konflikten einer wachsenden Bevölkerung um Weide- oder Ackerland geführt und geht in den Trockengebieten Afrikas langsam seinem Ende entgegen.

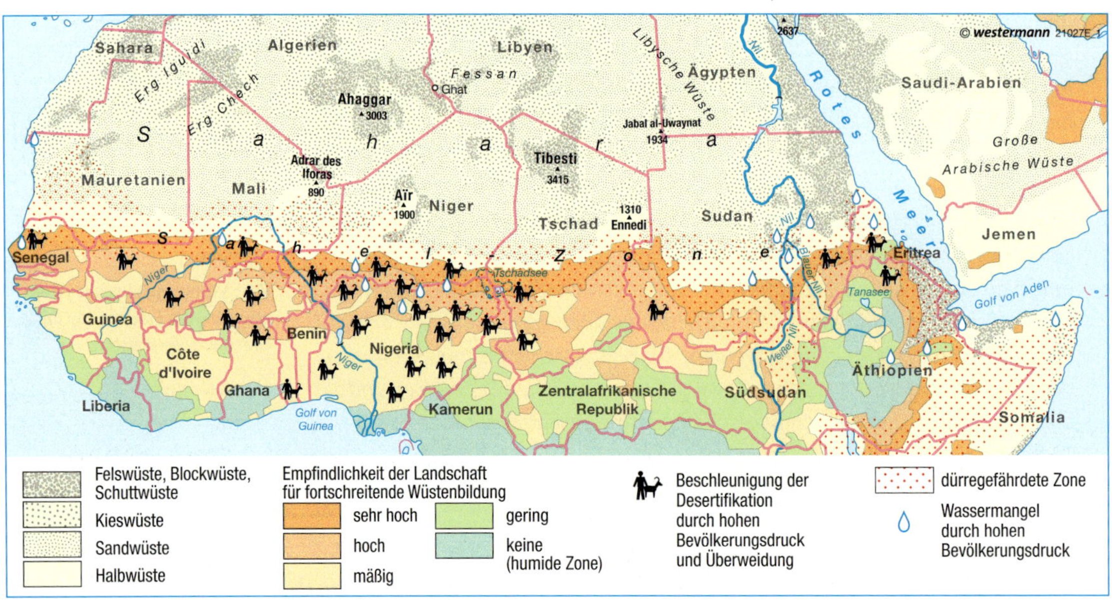

M2: Desertifikation im Sahel

»

Neben sesshaften Bauernfamilien leben im Sahelland Niger auch nomadisierende Viehzüchter. Früher wanderten sie mit ihren Herden über Hunderte Kilometer vom Norden in die Ackerbauzone des Südens, wo ihr Vieh die abgeernteten Äcker beweidete. Zu Beginn der Regenzeit kehrten sie zurück, damit die Bauern erneut die Felder bestellen konnten. Doch wiederkehrende Dürren und das hohe Bevölkerungswachstum führen dazu, dass sich die komplementären Wirtschaftsweisen zunehmend in die Quere kommen. Die Bauern halten aufgrund des steigenden Drucks auf die natürlichen Ressourcen die Durchzugswege für das Vieh nicht mehr frei und eignen sich immer mehr Land an, das bisher für die Tiere reserviert war. Dadurch sehen sich die Viehzüchter gezwungen, ihr Vieh über Ackerflächen zu treiben.
Um Landkonflikte zwischen den verschiedenen Gruppen zu vermeiden, verabschiedete die nigrische Regierung 1993 den Code Rural, ein Rahmengesetz, das die Landnutzungsrechte für die ansässige ländliche Bevölkerung regelt und zugleich Räume für die Viehzucht sichert. Die Umsetzung ging anfangs nur schleppend voran, hat jedoch in den letzten Jahren an Dynamik gewonnen: (...) Kommissionen, zusammengesetzt aus Vertretern der Regierung sowie der einzelnen Nutzergruppen, zertifizieren Landnutzungsrechte, kontrollieren die rechtmäßige Nutzung der Ressourcen und schlichten Landkonflikte. Dadurch wird die Rechtssicherheit der ländlichen Bevölkerung gestärkt. Ein erfolgreicher Ansatz, um die Konflikte zu entschärfen, ist die Schaffung klar demarkierter Durchgangswege für Viehherden. Beispielsweise wurden im Departement Mayayi im Süden des Landes zwischen 2011 und 2013 etappenweise rund 300 Kilometer Durchgangswege für Viehherden geschaffen und gesichert. Diese Korridore werden in einem breit abgestützten gemeinsamen Konsultationsverfahren mit allen Betroffenen festgelegt und mit Begrenzungspfosten und Hecken markiert.
Auch der Zugang zu Wasser führt immer wieder zu Konflikten zwischen sesshaften Bauern und nomadisierenden Viehzüchtern. Um die Lage zu entschärfen, wurden daher entlang der Durchgangskorridore Brunnen gebaut, die durch kompetente Brunnenkomitees aus Vertreterinnen und Vertretern aller Akteursgruppen verwaltet werden.

«

M3: Quellentext zur Lösung des Konflikts zwischen Viehzüchtern und Ackerbauern im Niger
Zukunftsstiftung Landwirtschaft (Hsg.): Land- und Wassernutzung gemeinsam gestalten: Nomadische Viehhalter und Bauern im Niger (2013)

M4: Ziegenherde am Niger

M5: Hirse-Ernte im Südwesten Nigers

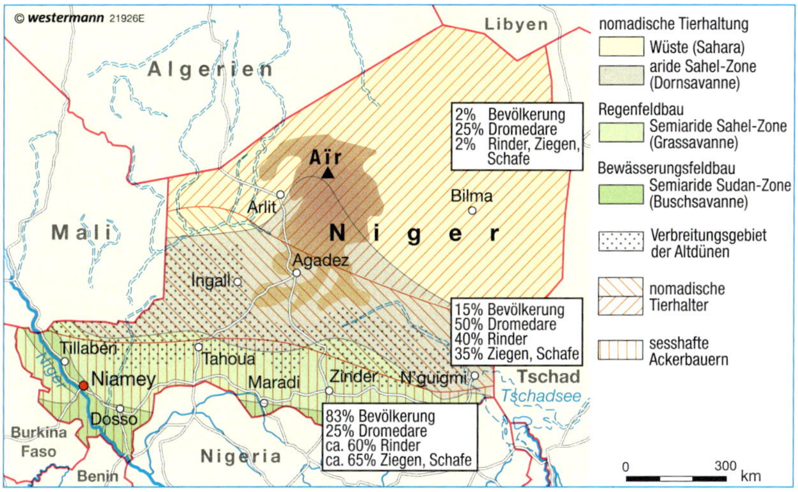

M6: Ressourcenausstattung und wirtschaftliche Nutzung in Niger

M7: Niger: Kamel in einer Zwiebelplantage

2.7 Agrarische Nutzungsformen: Tierhaltung

	1990	2009
Ostafrika	11,7	11,3
Westafrika	10,4	12,4
Zentralafrika	16,4	18,8
Südliches Afrika	38,7	54,1
Welt	33,7	41,9
Deutschland	96,0	88,1

M1: Fleischkonsum (in kg/Ew./Jahr) 1990 - 2009

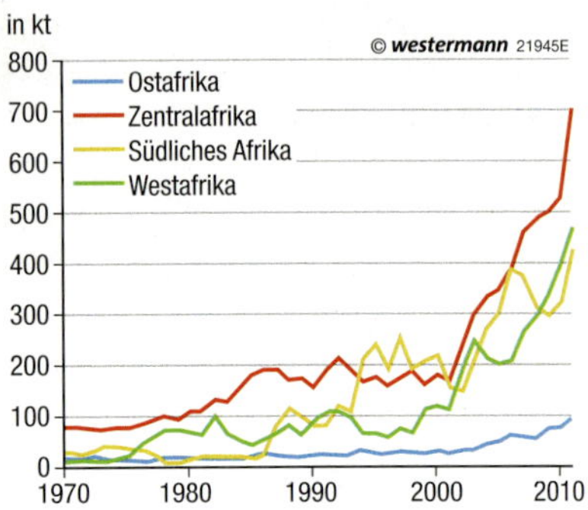

M3: Import von Fleisch in subsahrische Regionen

		1990	2000	2012
Sambia	Best.	15,7	29,0	36,5
	geschl.	18,9	35,0	44,0
Südafrika	Best.	87,0	126,0	200,0
	geschl.	385,0	520,0	1 056,0
Nigeria	Best.	126,0	123,2	205,0
	geschl.	174,0	160,0	290,0
Subs.-Afrika	Best.	633,8	742,3	1 187,7
	geschl.	1 094,5	1 328,9	2 398,1

M4: Hühnerzucht: Tiere im Bestand (in Mio.) und geschlachtete Tiere (in Mio.)

		1961		1980		2000		2012	
		in Mio.t.	in kg/Ew.	in Mio.t.	in kg/Ew.	in Mio.t.	in kg/Ew.	in Mio.t.	in kg/Ew.
Rindfleisch	SSA	1,6	7,0	2,5	6,6	3,1	4,9	4,3	4,7
	Welt	27,7	9,0	45,6	10,2	56,0	9,1	63,2	9,0
Schweinefleisch	SSA	0,2	0,8	0,3	0,9	0,8	1,2	1,2	1,3
	Welt	24,7	8,0	52,7	11,8	85,9	14,0	109,1	15,5
Schaffleisch	SSA	0,3	1,3	0,4	1,2	0,6	0,9	0,8	0,9
	Welt	4,9	1,6	5,6	1,3	7,8	1,3	8,5	1,2
Geflügelfleisch	SSA	0,2	1,0	0,7	2,0	1,6	2,5	2,8	3,1
	Welt	8,9	2,9	25,9	5,8	68,6	11,1	105,6	10,2
Milch	SSA	7,8	34,8	10,9	29,4	14,5	22,7	25,7	28,2
	Welt	344,1	111,6	465,8	104,7	582,0	95,0	753,9	107,0
Eier	SSA	0,3	1,3	0,7	1,8	1,2	1,9	1,9	2,0
	Welt	15,1	4,9	27,4	6,2	55,1	9,0	71,9	10,2

M2: Produktion tierischer Nahrungsmittel (SSA = Subsahara-Afrika) 1961 - 2012

Die landlose Tierhaltung, das heißt die Tierhaltung ohne Weiden nur mit zugekauftem Futter, auf Pachtland oder unter Nutzung von Straßen- und Wegerändern findet man sowohl im ländlichen als auch städtischen Raum. Insbesondere die Vieh- und Kleinviehhaltung von Privathaushalten in Gärten und Höfen in den Städten hat sich im Rahmen der zunehmenden Urbanisierung der Armut als Teil einer urbanen Landwirtschaft etabliert. So hat sich in einigen Staaten Afrikas, etwa in Äthiopien, Kenia und Lesotho, eine intensive Milchviehhaltung in Stadtnähe entwickelt.

In randstädtischen Lagen setzt sich auch die Geflügel- und Eierproduktion in großen Mastbetrieben durch – mit all seinen hierzulande gut bekannten Vor- und Nachteilen. So wurden in Sambia im Jahr 2012 in Geflügelfarmen und in kleinbäuerlicher Haltung 44 Mio. Hühner und rund eine Mrd. Eier (Südafrika 10,4 Mrd. Eier) produziert. In dieser Statistik sind diejenigen, die auf dem Land oder in Hinterhöfen in der Stadt zur Eigenversorgung eine kleine Anzahl Hühner halten, gar nicht mitgerechnet. Seit geraumer Zeit ist der Geflügelsektor der am schnellsten wachsende Agrarbereich. Zunehmend wehren sich die sambischen Geflügelproduzenten gegen die Importgenehmigung für Geflügel für die internationalen Unternehmen Shoprite (Südafrika) und Wal-Mart (USA). Das importierte Geflügel kommt vor allem aus den Großgeflügelfarmen Südafrikas, die billiger als die sambischen Geflügelzüchter produzieren. Auch wurde mittlerweile die freilaufende Hinterhofhaltung von Hühnern aus Hygienegründen in der Stadt verboten, was für viele arme Familien die Eiweißversorgung in Frage stellt.

M5: Hühnerfarm in Lusaka, Sambia

M6: Eine kleine Rinderherde wird nach dem abendlichen Weiden in ihren städtischen Stall in Tamale (Ghana) geführt.

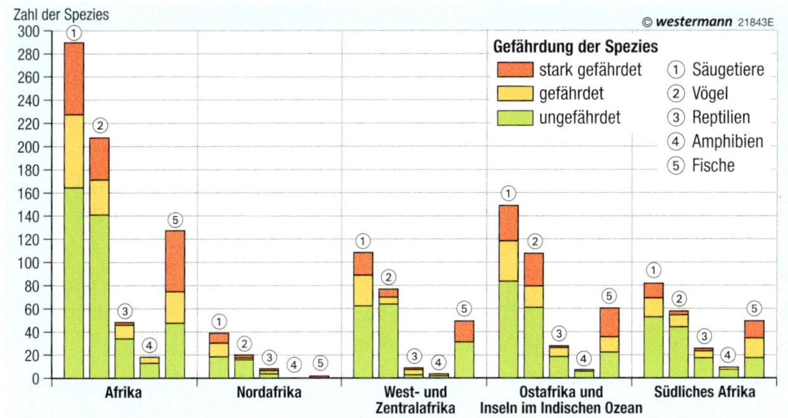

M7: Bedrohte Tierarten

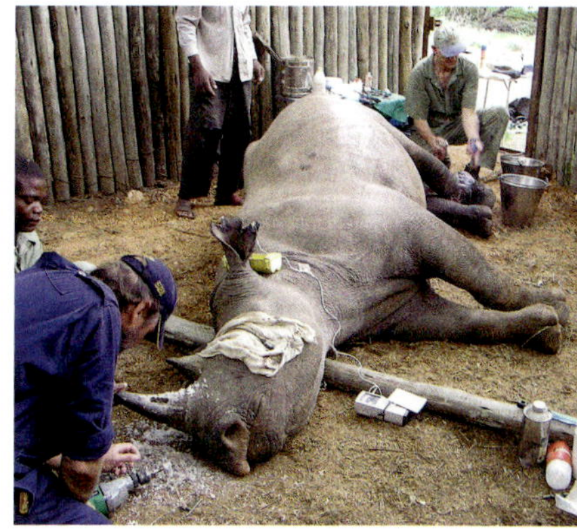

M8: Ein afrikanisches Nashorn wird zur Ortung mit einem Sender versehen.
Naturschutzorganisationen wie der WWF versuchen mit strengen Überwachungsmassnahmen bedrohte Tierarten wie Nashörner vor der in den letzten Jahren wieder zunehmenden Wilderei zu schützen.

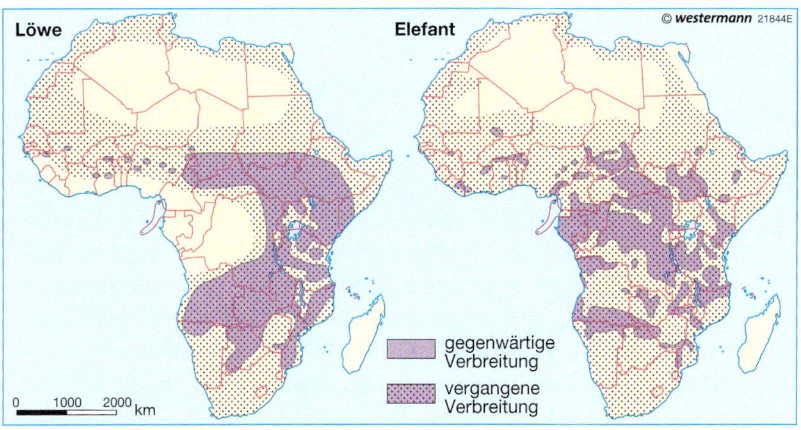

M9: Verbreitung von Löwen und Elefanten

M10: Elefantenherde in Kenia

In einigen Ländern stellt Fleisch von frei lebenden Tieren eine wichtige ergänzende Proteinquelle dar. Zunehmend findet die Jagd jedoch illegal in geschützten Gebieten und auf geschützte Tierarten statt. Oft genug wird nicht zur Nahrungsbeschaffung, sondern zur Befriedigung einer internationalen Nachfrage etwa nach Elfenbein, Nashorn und exotischen Fellen gejagt. Dadurch steht nicht nur die biologische Vielfalt auf dem Spiel, sondern auch das wichtige Einkommen durch den Safaritourismus (vgl. 3.5). Oft teilen sich wild lebende Tiere mit domestizierten gleiche Habitate, was zu erheblichen Flächennutzungskonkurrenzen führen kann. Insbesondere die Abgrenzung von Nationalparks und das Weideverbot in diesen Gebieten stoßen sehr oft auf Widerstand der ortsansässigen Viehhalter.
Es gibt aber auch Beispiele harmonischer Koexistenz zwischen Menschen und wilden Tieren. Nach traditionellem Glauben der Guji Oromo in Südäthiopien gehören die wilden Tiere dem Gott Waaga und jeder Angriff führt zur Bestrafung. Eine besondere Beziehung besteht zu den Zebras des Nech Sar Nationalparks. 2005 verließ eine ganze Zebraherde den Park, um den umgesiedelten Guji Oromo zu folgen. Zebras werden als Freunde betrachtet und vor Raubtieren beschützt.

In short, human-wild life relations in southern Ethiopia depend on complex cultural, economic and religious interpretations of the place of humans in nature. There is no specific way of defining people's interactions with wild animals. Rather, it depends on local values, norms, belief and economic practices.

Asebe Regassa Debelo, äthiopischer Sozialwissenschaftler (2014)

1 **Erläutern Sie die Entwicklung der Viehwirtschaft in Subsahara-Afrika.**
2 **Erklären Sie die Konflikte zwischen Viehhaltern und Ackerbauern.**
3 **Erörtern Sie die Flächennutzungskonkurrenzen zwischen Nutztieren und wild lebenden Tieren.**

D1-132 www.diercke.de
D1-134 www.diercke.de

	Hochseefischerei	Binnenfischerei
Afrika	4,9	2,7
übrige Welt	77,5	8,3
Anteil Afrika	5,9 %	24,5 %

M1: Hochsee- und Binnenfischerei weltweit und in Afrika (in Mio. t) 2011

	Produktion	Import	Export
Westafrika	2 429,6	2 381,9	376,3
Zentralafrika	837,4	436,3	6,4
Ostafrika	1 639,1	313,2	468,2
Südafrika	373,3	45,1	375,0
Senegal	436,9	0,9	111,0
Côte d'Ivoire	56,8	357,8	61,9
Uganda	484,4	1,5	57,4
Seychellen	79,4	50,9	66,4

M2: Produktion, Im- und Export von Fischen (in 1000 t) 2008 - 2011

M3: Quellentext zur Fischerei im Senegal
Uken, M.: Megatrawler auf Beutezug vor Afrika. Die Zeit 2.4.2012

	Export (in Mio US-$)	Anteil an Agrarexporten	Anteil am Export
Kap Verde	56,0	98,2 %	81,7 %
Seychellen	306,1	98,7 %	63,4 %
Namibia	772,7	77,5 %	17,5 %
Senegal	307,5	37,9 %	12,1 %
	Import (in Mio US-$)	**Anteil an Agrarimporten**	**Anteil am Import**
Côte d'Ivoire	93,6	19,0 %	5,0 %
Kamerun	1,2	24,8 %	4,8 %
Nigeria	83,8	22,7 %	3,6 %

M4: Netto-Exporteure und -Importeure in Subsahara-Afrika (in US-$) 2011

	Aquakultur-Produktion (in 1000 t)	Anteil an Fischproduktion (in %)
Ägypten	986,8	72,4
Nigeria	221,1	25,8
Kenia	22,1	10,8
Sambia	10,5	13,1
Ghana	19,1	5,4
Madagaskar	8,8	6,5
China	38 621,6	71,0

M5: Die größten Aquakulturproduzenten in Afrika 2011

Fischerei und Aquakultur können unter den Bedingungen einer nachhaltigen Wirtschaft einen großen Beitrag sowohl zur Ernährungssicherung als auch zur Einkommenserwirtschaftung leisten.

Fischfang im Meer und in Binnengewässern sowie die Fischproduktion in Aquakultur trägt in Afrika südlich der Sahara nicht nur zur Proteinversorgung bei, sondern ist auch eine wichtige Einkommensquelle. Allerdings liegt der Anteil von Fisch an tierischem Eiweiß in der Ernährung in Afrika nur bei 22 Prozent oder 6,7 kg pro Person/Jahr und damit unter dem Durchschnitt der nicht-industrialisierten Länder. Auch gehört die Mehrzahl der circa zehn Mio. Menschen, die durch Fang, Verarbeitung und Handel ihr Einkommen durch die Fischerei erwirtschaften, im Durchschnitt zu den ärmsten Gruppen. Während die kleinen Küstenfischer vorwiegend den lokalen Markt bedienen, ist die Hochseefischerei eher auf den Weltmarkt ausgerichtet. Die große Anzahl einheimischer Fischer, unklare Fischereirechte vor Ort sowie die legale und illegale Ausbeutung der Fischgründe vor den Küsten Afrikas durch großindustrielle internationale Fangflotten haben zu einer drastischen Überfischung geführt. Der größte Teil des Fischfangs in den Binnengewässern wird durch lokale Fischer mit geringen Erträgen zur Selbstversorgung durchgeführt.

»

Die Geschichten, die Gaoussou Gueye erzählt, klingen nach Wildwest. Gueye ist Senegalese, ein groß gewachsener Mann von schlaksiger Natur, Ende 40. Seit einigen Jahren ist er Generalsekretär des westafrikanischen Kleinfischerverbands. Er setzt sich für die lokalen Fischer ein, Männer, die sich jeden Tag auf ihren Einbaumschiffen, den Pirogen, aufs Meer wagen. Dort sehen sie am Horizont die riesigen europäischen Fischtrawler. Es sind Fangschiffe, die rund 200 Tonnen Fisch am Tag fangen, verarbeiten und einfrieren können. Rund 50 Pirogenfischer müssten für diese Menge mehr als ein Jahr unterwegs sein. Gueye erzählt von Korruptionsskandalen . Von bestechlichen Ministern im Senegal , die Fischereirechte an mehr als 20 ausländische Schiffe vertickt hätten, um ihren Wahlkampf zu finanzieren. Von Schiffen aus Russland , die den Fisch nur fangen würden, um ihn an Bord zu Fischmehl – sprich: Tierfutter – weiterzuverarbeiten. „Das alles geht zulasten unserer heimischen Bevölkerung", klagt Gueye, „andere Staaten fischen unseren Fisch, den wir zum Überleben brauchen." Rund 8 000 Pirogen kämen wegen der ausländischen Konkurrenz nicht zum Einsatz. Pikant ist: Immer wieder werden Schiffe, die sich Fischereirechte von der senegalesischen Regierung gesichert haben, beim illegalen Fischen erwischt. Erst Anfang März wurde der russische Trawler Oleg Naydenov nach Informationen von Greenpeace festgesetzt, weil er offenbar in den Gründen der Kleinfischer unterwegs war. Er zahlte eine Strafe von 45 000 Euro und durfte weiterfischen. Für Gueye ein typisches Phänomen: „Der Regierung sind wirkungsvolle Kontrollen und Strafen egal."

«

Aquakulturen sind in einigen Ländern Afrikas lange bekannt. In der nigerianischen Hauptstadt Lagos wurden etwa in der Lagune am Golf von Guinea schon immer für den Eigenbedarf Welse gezüchtet. Nun beginnen auch andere Länder diese Möglichkeit der Nahrungsproduktion und Einkommenserwirtschaftung für sich zu entdecken. Noch produziert Afrika südlich der Sahara nur etwa 0,6 Prozent der globalen Produktion, bis zum Jahr 2020 rechnet man allerdings mit einer Verdoppelung.

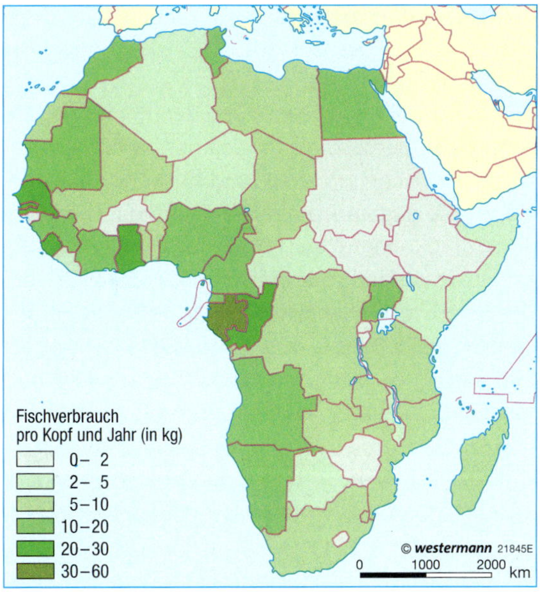

M6: Durchschnittliche Versorgung mit Fisch 2007 - 2009

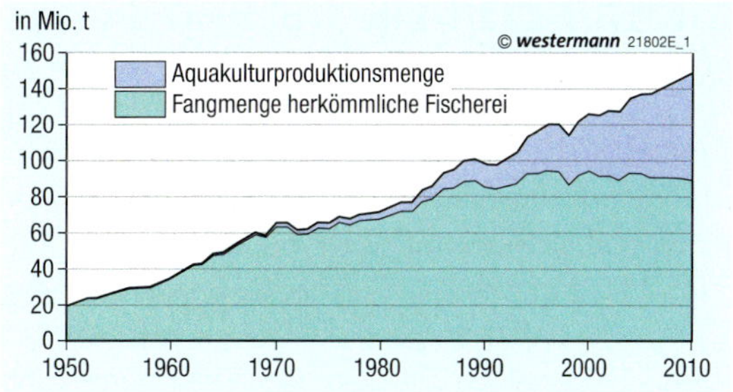

M7: Weltweite Fischereierträge 1950 - 2011

		1970	1980	1990	2000	2010
Afrika	in kt	10,2	26,2	81,0	999,2	1288,3
	in %	0,4	0,6	0,6	1,8	2,2
Subsahara-Afrika	in kt	4,2	7,0	17,1	276,9	359,8
	in %	0,2	0,1	0,1	0,5	0,6
Nordafrika	in kt	6,0	19,1	63,8	714,3	928,5
	in %	0,2	0,4	0,5	1,3	1,6

M8: Aquakulturproduktion in Afrika 1970 - 2010

»

Das Kongo-Becken weist einen hohen Anteil einheimischer Fischarten (etwa 80 %) auf. Die Praktiken des Fischfangs haben es allerdings versäumt, die wirtschaftliche Nutzung der biologischen Vielfalt mit einem wirksamen Schutz zu verbinden. Gemeinschaften, die am Fluss leben, benutzen giftige Pflanzenextrakte und einige Chemikalien wie Pestizide als Mittel zum Fischfang. Auch Feuer wird benutzt, vor allem während der Trockenzeiten in den Laichgründen. Derartige Praktiken zerstören allerdings die Fischbestände unterschiedslos. Jungfische und Fingerlinge sind der biologische Grundstock für eine langfristig umweltgerechte Nutzung der biologischen Vielfalt – und zugleich der verletzlichste Teil der Fischpopulationen. Wachsende Armut führt zu einem hohen Druck auf die Fischbestände, in vielen Fällen werden die Erfordernisse und Zeitabläufe für die notwendige Regeneration missachtet. Die Folge ist manchmal ein Rückgang in der Größe der gefangenen Fische. (...). Es gibt einen andauernden Konflikt zwischen dem Erhalt der Vielfalt der Fischbestände und ihrer Nutzung als Nahrungsmittel. Deswegen sind kluge Umgangsweisen und langfristig umweltgerechte Schutzmaßnahmen notwendig. Das Beispiel aus dem Kongo weist auf vier große Herausforderungen für den traditionellen Fischfang hin:

- *das Fehlen angepasster Fischfangtechniken, die die Fischbestände erhalten; stattdessen herrschen vielfach illegale Techniken und Praktiken vor,*
- *das Fehlen funktionierender lokaler Fischmärkte, sodass mit dem Fischfang zu wenig Einkommen erzielt werden kann,*
- *mangelhafte Konservierungstechniken und -infrastrukturen, sodass die Qualität und damit der Marktwert des Fangs rasch verfallen und*
- *die Überfischung einiger Gewässer, sodass die Fischbestände sich nicht regenerieren können.*

«

M9: Quellentext zu ökologischen Problemen in der afrikanischen Fischerei
Albrecht, S: Weltagrarbericht: Bericht zu Afrika südlich der Sahara (2012)

M10: Küstenfischer in Gambia

1 **Erläutern Sie die Bedeutung der Fischerei für die Nahrungssicherheit und Wirtschaft in Subsahara-Afrika.**

2 **Erörtern Sie die ökologischen und ökonomischen Probleme der Fischerei in Subsahara-Afrika.**

D1-240
www.diercke.de

Landwirtschaft: alte Probleme und neue Herausforderungen

Agrarische Nutzung und begrenzende Faktoren

Die ländliche Bevölkerung Subsahara-Afrikas ist in ihrer Überlebenssicherung überwiegend auf die Landwirtschaft angewiesen. Gleichzeitig ist der ländliche Raum auch der Versorger einer ständig wachsenden städtischen Bevölkerung. Während in den Wüsten und Trockensavannen das Wasserangebot den begrenzenden Faktor für die Vegetation oder eine agrarische Nutzung darstellt, ist dies in den Feuchtsavannen und den tropischen Regenwäldern die Bodenfruchtbarkeit. Die Wasserversorgung entscheidet darüber, ob Regen- oder Bewässerungsfeldbau erfolgt. Die Unterscheidung zwischen Mischanbau und Monokulturen richtet das Augenmerk auf die Pflanzmuster. Der Grad der Kommerzialisierung bringt drei große Gruppen hervor: Subsistenzwirtschaft, teilweise Marktorientierung und ausschließlicher Anbau für den Markt. Ein großes Problem für die Nahrungssicherheit in vielen Regionen ist, dass ein Großteil der Kleinbauern nur in der Lage ist, für den Eigenbedarf zu produzieren.

Ackerbau und Forstwirtschaft

Viele Bewohner Subsahara-Afrikas sind für ihren täglichen Energiebedarf auf Holz angewiesen, das in den Wäldern oft illegal geschlagen wird. Aber auch Brandrodung für neue Anbauflächen gefährdet die afrikanischen Wälder. Ob der großflächige Anbau von Pflanzen zur Energiegewinnung den Königsweg für Afrikas Energieprobleme darstellt, ist strittig. Die Konkurrenz zwischen Energie- und Nahrungspflanzen, der großflächige Anbau in Monokulturen, aber auch die sozio-ökonomischen Folgen von Großfarmen, die zumeist in ausländischen Besitz sind, werden kritisiert. Der Erwerb großer landwirtschaftlicher Flächen durch internationale Investoren zum Anbau von Lebensmitteln und Agrotreibstoffen hat seit Ende der 2000er-Jahre stark zugenommen. Eine Lösung für ökologische und soziale Probleme beim Anbau von Cash-Crops kann in innovativen Anbau- (z.B. Agroforstwirtschaft) oder Vermarktungsformen (z.B. Fair Trade) liegen.

Viehwirtschaft und Fischerei

Die kleinbäuerliche Nutztierhaltung trägt in Subsahara-Afrika zur Reduzierung der Verwundbarkeit bei Nahrungskrisen bei. Neben der Lebensmittelerzeugung (Fleisch, Eier, Milch) dienen Nutztiere als Sicherheit bei Ernteausfällen und können in Krisenzeiten verkauft werden. Vielerorts gibt es zunehmend Konflikte zwischen reinen Viehhaltern und Ackerbauern, die die gleichen Flächen für ihre Wirtschaftsform beanspruchen. Auch Fischerei und Aquakultur können, wenn sie nachhaltig betrieben werden, zur Ernährungssicherung beitragen. Allerdings sind die Gewässer vor Afrikas Küsten durch Überfischung bedroht.

Aufgaben

1. **„Die Cash-Crop-Produktion ist nicht verantwortlich für die Nahrungsunsicherheit in vielen Staaten Subsahara-Afrika." Nehmen Sie Stellung zu dieser These (M 6, S. 29).**
2. **Erörtern Sie den häufigen Vorwurf, dass europäische Agrarsubventionen die afrikanische Landwirtschaft zerstören.**
3. **Beurteilen Sie das Produktivitätssteigerungspotenzial in der subsaharischen Landwirtschaft durch andere Nutzungsformen, Bewässerung und höheren technischen Einsatz.**
4. **Erörtern Sie die Strategie der äthiopischen Kaffeebauern, auf Qualität statt Quantität zu setzen.**
5. **Entwickeln Sie Lösungsvorschläge, um den Konflikt zwischen Viehhaltern und Ackerbauern zu entschärfen.**
6. **Nehmen Sie Stellung zu dem Dilemma zwischen Ausweitung der Nahrungsproduktion in Subsahara-Afrika und dem Verlust an Biodiversität für die Menschheit.**

Internetlinks

FAOSTAT
http://faostat.fao.org

Weltagrarbericht
www.weltagrarbericht.de

Land Matrix: Weltweite Investitionen in Land
http://landmatrix.org

Welternährungsprogramm
www.wfp.org

Wirtschaft: Potenziale und Konflikte

3

Wollen wir den Medien glauben, so boomt Afrikas Wirtschaft in den letzten Jahren. Bei genauerem Hinsehen lassen sich jedoch große Unterschiede und Widersprüchlichkeiten ausmachen. Das Wirtschaftswachstum afrikanischer Staaten fußt weiterhin mehrheitlich auf dem Export von Rohstoffen. Ob Öl, Diamanten oder seltene Erden, Baumwolle, Kaffee oder Kakao, alles wird meist ohne weitere Verarbeitung und ohne Mehrwert exportiert. Wenig außer Nahrungsmitteln wird dagegen für den Binnenmarkt produziert. Das liegt auch an der Transportinfrastruktur, die etwa mit großen Containerhäfen fast ausschließlich für den internationalen Ex- und Import ausgebaut wurde, während auf der anderen Seite kleinere Produzenten ihre Waren noch immer zu Fuß, per Eselskarren und Booten ohne Motor zum Markt und den Kunden transportieren müssen. Um ihr Potenzial – Rohstoffreichtum und viele junge Arbeitskräfte – nachhaltig zu nutzen, müssen die afrikanischen Staaten noch einige Konflikte überwinden und etliche Bremsklötze aus dem Weg räumen.

3.1 Wirtschaftsaufschwung in Afrika?

Einige Länder Afrikas verzeichnen zwar hohe Wirtschaftswachstumsraten, dennoch wird die zukünftige Entwicklung von vielen Unwägbarkeiten wie der weltwirtschaftlichen Lage und Rohstoffnachfrage, der politischen Stabilität und Erfolgen bei der Armutsminderung abhängen.

M1: Quellentext zur wirtschaftlichen Entwicklung Subsahara-Afrikas
Johnson, D.: Boom-Regionen: Warum Afrika viel besser ist als sein Ruf. Der Spiegel 26.7.2011

»

Afrika ist ein Kontinent im Aufschwung: Afrika wird jünger und städtischer - und selbstbewusster. Denn die städtische Jugend ist Teil der Globalisierung und lebt im Rhythmus der Welt. Eine konsumkräftige afrikanische Mittelklasse, in ihrer Gesamtheit mindestens so groß wie die Indiens, ist entstanden und sorgt dafür, dass sich immer mehr Länder des Kontinents eines nachhaltig hohen Wirtschaftswachstums erfreuen. Nimmt man den derzeit kriselnden Maghreb sowie das bereits industrialisierte Südafrika heraus und konzentriert sich auf die wirklich armen Länder südlich der Sahara, beträgt das durchschnittliche Wirtschaftswachstum derzeit jährlich zwischen sechs und sieben Prozent. Das ist knapp unter dem Niveau von sieben Prozent, das international als Mindestrate zu einer nachhaltigen Verringerung der Armut gilt. Zahlreiche Länder erzielen auch Wachstumsraten von mehr als zehn Prozent pro Jahr. Und anders als weithin vermutet boomen nicht nur die Ölstaaten. Auch Ruanda, Uganda und Äthiopien gehören zu den Spitzenreitern.

«

„Afrika ist ein Chancenkontinent. Die wachsende Wirtschaft, die natürlichen Ressourcen, das erhebliche landwirtschaftliche Potenzial, die junge und wachsende Bevölkerung, technologische Innovationen: All das sind Rahmenbedingungen, die große Potentiale für eine nachhaltige Entwicklung in vielen afrikanischen Ländern bieten."

BMZ (2014)

	1972	1982	1992	2002	2012
Subsahara-Afrika	2,0	2,3	1,2	1,0	1,8
Nordafrika/Vorderasien	1,8	4,2	2,3	2,7	4,6
Europäische Union	30,5	28,7	33,1	27,7	23,0
Nordamerika	37,1	32,3	28,5	34,5	24,9
Ost-/Südostasien	14,8	17,1	23,1	22,5	27,9
Südasien	2,5	2,3	1,6	2,0	3,2
Lateinamerika	5,9	7,4	5,4	5,9	8,0

M2: Anteil der Großregionen an der globalen Wirtschaftskraft (in % des Bruttoinlandsprodukt)

	2004-8	2010	2012	2013	2014
Subsahara-Afrika	6,4	5,4	5,4	5,4	5,7
Erdölexportierende Länder	8,5	6,6	6,6	6,6	6,8
Länder mit mittleren Einkommen	5,0	4,0	3,6	3,6	4,0
- Südafrika	4,9	3,1	2,8	2,8	3,3
Länder mit niedrigem Einkommen	7,3	6,4	5,7	6,3	6,6
Fragile Staaten	2,5	4,2	7,0	6,8	6,5
Welt	4,6	5,2	3,2	3,3	4,0

M3: Subsahara-Afrika: Wirtschaftswachstum 2004 - 2014 (Änderung BIP in %, IWF-Klassifikation, siehe M2, S. 52)

	BNE nach KKP (in Mrd. US-$, 2012)	BNE nach KKP / Ew. (in US-$, 2012)	Anteil der Landwirtschaft am BIP		Anteil der Industrie am BIP		Anteil der Dienstleistungen am BIP		Jährliches BIP-Wachstum	
			1990	2012	2000	2012	2000	2012	1990 - 2000	2001 - 2010
Angola	112	5 400	17,9 %	10,0 %	40,8 %	59,7 %	41,2 %	30,3 %	0,9 %	11,5 %
Äquatorialguinea	13	18 570	61,5 %	2,6 %[1]	10,6 %	94,4 %[1]	27,8 %	3,0 %[1]	21,1 %	16,6 %
Äthiopien	101	1 110	54,3 %	48,8 %	11,1 %	10,1 %	34,5 %	41,1 %	3,0 %	8,5 %
Botsuana	32	16 060	4,9 %	2,9 %	61,0 %	35,2 %	34,1 %	61,9 %	4,9 %	4,0 %
Dem. Rep. Kongo	25	390	31,0 %	44,9 %	29,0 %	21,8 %	40,0 %	33,4 %	- 5,5 %	5,0 %
Ghana	48	1 910	45,1 %	22,7 %	16,9 %	27,3 %	38,1 %	50,0 %	4,3 %	5,8 %
Kenia	75	1 730	29,5 %	29,9 %	19,0 %	17,4 %	51,4 %	52,7 %	1,9 %	4,2 %
Lesotho	4	2 170	24,7 %	7,4%	34,1 %	34,6 %	41,1 %	58,0 %	3,8 %	4,1 %
Mali	17	1 140	45,5 %	38,9 %[1]	15,9 %	21,0 %[1]	38,6 %	39,8 %[1]	4,1 %	6,0 %
Nigeria	414	2 450	31,5 %	33,1 %	45,3 %	40,6 %	23,2 %	26,3 %	1,9 %	9,2 %
Südafrika	563	11 010	4,6 %	2,6 %	40,1 %	28,4 %	55,3 %	69,0 %	1,8 %	3,6 %
Tansania	72	1 560	46,0 %	27,6 %	17,7 %	25,0 %	36,4 %	47,4 %	3,1 %	7,0 %
Subsahara-Afrika	2 046	2 246	20,7 %	15,6 %	34,3 %	31,2 %	45,1 %	53,3 %	2,2 %	5,3 %
Welt	85 870	12 186	6,2 %	3,0 %	32,8 %	27,0 %	61,0 %	70,0 %	2,8 %	2,6 %

M4: Ökonomische Kenndaten (BNE: Bruttonationaleinkommen, BIP: Bruttoinlandsprodukt, KKP: Kaufkraftparitäten, [1]2009)

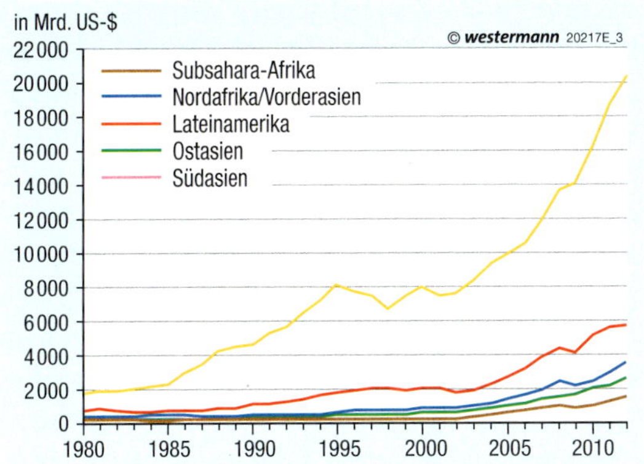

M5: Entwicklung des Bruttoinlandsprodukts

	Produkt 1	Produkt 2	Anzahl der Produkte >75 % Export
Angola	Erdöl (97 %)		1
Botsuana	Diamanten (56 %)	Nickel (21%)	2
D.R. Kongo	Diamanten (29 %)	Erdöl (15 %)	6
Lesotho	Diamanten (29 %)	Kleidung (19%)	6
Malawi	Tabak (50 %)	Zuckerrohr (9 %)	6
Mauritius	Kleidung (18 %)	Zuckerrohr (16 %)	24
Nigeria	Erdöl (88 %)		1
Tansania	Tabak (9 %)	Kaffee (8 %)	36
Simbabwe	Nickel (23%)	Tabak (11%)	13
Südafrika	Platin (8 %)	Diamanten (6 %)	102

M6: Anteil der Top-Export-Produkte am Gesamtexport 2012

	Anteil Erdöl-exporte an Gesamtwaren-exporten (2011)	Externe Schulden (gesamt)		ADI (in Mio. US-$, 2012)	Entwick-lungshilfe (in Mio. US-$, 2011)	Rücküber-weisungen (in Mio. US-$, 2012)
		(in Mrd. US-$, 2012)	im Verhältnis zu Exporterlösen			
Äthiopien	0,0 %	10,5	174,3 %	970	3 686	524
Botsuana	0,4 %	2,5	37,8 %	293	717	55
D.R. Kongo	k.A.	5,7	63,9 %	2 939	3 470	k.A.
Kamerun	55,6 %	2,6	48,4 %	55,7	598	109
Ghana	54,1 %	12,4	73,8 %	3 295	1 964	152
Kenia	4,3 %	11,6	103,2 %	159	2 928	1 128
Lesotho	0,0 %	0,9	51,9 %	172	288	602
Mali	0,0 %	3,1	k.A.	406	1 278	444
Nigeria	89,1 %	10,1	10,2 %	7 029	2 257	20 568
Südafrika	11,2 %	137,5	120,0 %	4 572	2 418	1195
Tansania	21,2 %	11,6	133,5 %	1 229	2 384	75
SSA	41,2 %	k.A.	k.A.	50 041	54 210	62 437

Ausländische Direktinvestitionen (ADI)
Langfristige Kapitalanlage eines ausländischen Investors, verbunden mit Beteiligungen am Eigenkapital und der dauerhaften Einflussnahme auf das unternehmerische Geschehen (im Gegensatz z.B. zu Portfolioinvestitionen an ausländischen Aktien etc.)

M7: Ökonomische Kenndaten ausgewählter subsaharischer Länder ([1]2009; SSA = Subsahara-Afrika)

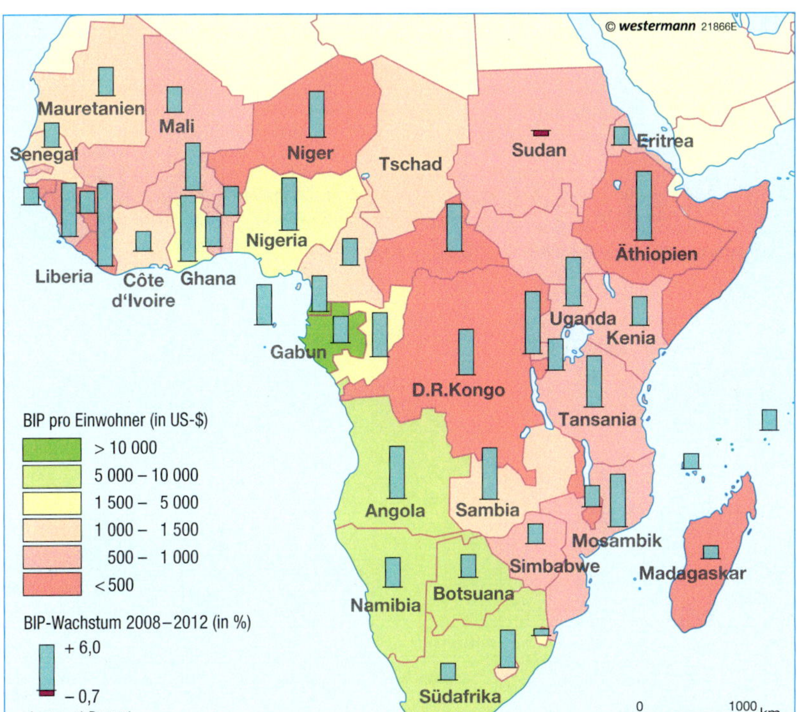

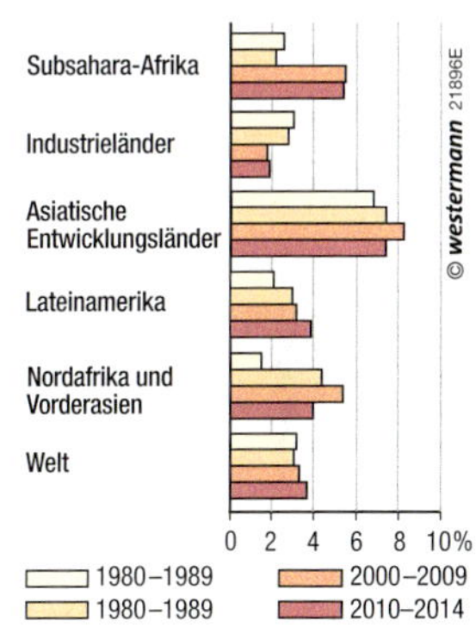

M8: Wirtschaftswachstum (jährl. Ø-BIP-Wachstum in %)

M9: Pro-Kopf-Einkommen 2012 und Wirtschaftswachstum 2008 - 2012

Wirtschaftsaufschwung in Afrika?

Auch wenn die Anzeichen für eine Umkehr der negativen Wirtschaftstrends der 1970er- bis 1990er-Krisenjahre wachsen, sind längst nicht alle afrikanischen Länder über einen Kamm zu scheren. Auch sagen durchschnittliche Wachstumsraten wenig über die Verteilung der erwirtschafteten Mittel innerhalb der Bevölkerung. Der Internationale Währungsfonds (IWF) unterscheidet vier große Gruppen von Ländern in Subsahara-Afrika, die er in ihrem Entwicklungspotenzial unterschiedlich bewertet: Erdölexportierende Länder, Länder mit mittlerem Einkommen, Länder mit geringem Einkommen und fragile Staaten (M 2). Den positiven Entwicklungschancen Afrikas wie dem Rohstoffreichtum, der hohen Anzahl junger Arbeitskräfte, den steigenden Rücküberweisungen internationaler Migranten zur Investition in ihren Heimatländern, dem zunehmenden Interesse ausländischer Investoren und dem Anstieg der Direktinvestitionen stehen die Unwägbarkeiten der Rohstoffnachfrage, der Preisentwicklungen auf dem Weltmarkt sowie die bisweilen niedrige Arbeitsproduktivität und die lange überfällige Diversifizierung der einzelnen Volkswirtschaften gegenüber.

Des Weiteren ist trotz Wachstumsphase nach wie vor das Ungleichgewicht zwischen Rohstoffausfuhr und Kapitalgütereinfuhr gegeben und hat sich sogar durch die wachsende Rohstoffnachfrage aus China noch verschärft. Die meisten afrikanischen Länder – mit Ausnahme von Südafrika, Tansania, Kenia und

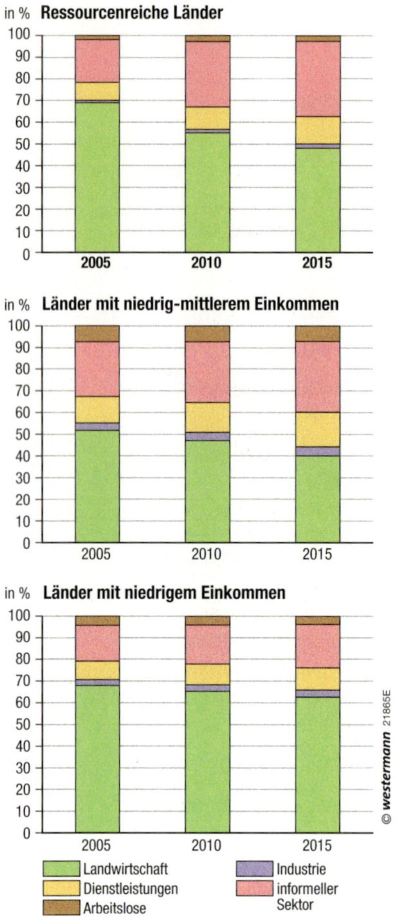

M 1: Beschäftigtenverteilung in Subsahara-Afrika

BRIC-Staaten
Abkürzung für die vier aufstrebenden Schwellenländer Brasilien, Russland, Indien und China

			Nicht Erdöl-Basiertes BIP- Wachstum	
			2009	**2013**
Erdölexportierende Länder	Länder, in denen die Erdölexporte mehr als 30 % der gesamten Exporte ausmachen	Angola, Äquatorialguinea, Gabun, Kamerun, Republik Kongo, Nigeria, Süd-Sudan, Tschad	7,6 %	7,2 %
Länder mit mittleren Einkommen	Länder mit einem BIP/Ew. von mehr als 1008 US-$ (2009-11)	Botsuana, Cap Verde, Ghana, Lesotho, Mauritius, Namibia, Sambia, Senegal, Seychellen, Südafrika, Swaziland	-0,6 %	3,5 %
Länder mit niedrigem Einkommen	Länder mit hohem politischen und wirtschaftlichen Risiko	Äthiopien, Benin, Burkina Faso, Gambia, Kenia, Madagaskar, Malawi, Mali, Mosambik, Niger, Ruanda, Sierra Leone, Tansania, Uganda	5,5 %	6,3 %
Besonders fragile Staaten	Länder, die aufgrund politischer und/oder wirtschaftlicher Instabilitäten nur geringe ökonomische Entwicklungsperspektiven aufweisen	Burundi, Komoren, Cote d'Ivoire, Eritrea, Guinea, Guinea-Bissau, Dem. Rep. Kongo, Liberia, São Tomé & Principe, Togo, Simbabwe, Zentralafrikanische Republik	3,3 %	6,8 %

M 2: IWF-Klassifikation der Länder Subsahara-Afrikas

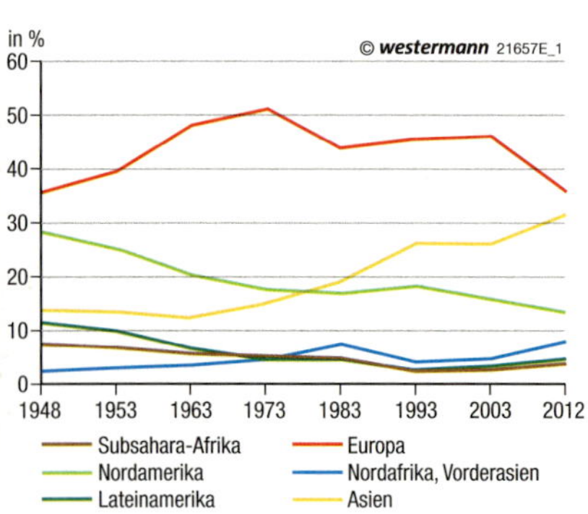

M 3: Anteil am Welthandel 1948 - 2012 (Export in %)

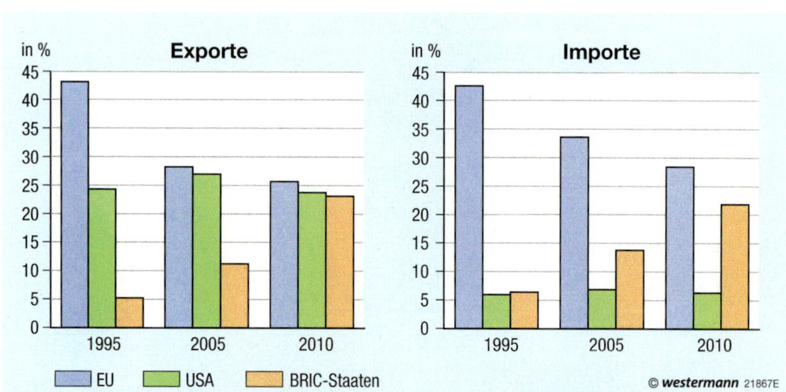

M 4: Subsahara-Afrika: Zielregionen der Exporte, Herkunftsregionen der Importe

Namibia – sind noch immer wenig industrialisiert. Dies ist auch auf die zum Teil enorm hohen Handels- und Transaktionskosten durch Bürokratie, hohe Gründungskosten für Unternehmen, schlechte Transportinfrastruktur sowie hohe Energiepreise zurückzuführen. Ohne politische Stabilität und die Investition der Gewinne aus dem Wirtschaftswachstum in die Armutsbekämpfung wird jedoch keine nachhaltige Wirtschaftsentwicklung möglich sein.

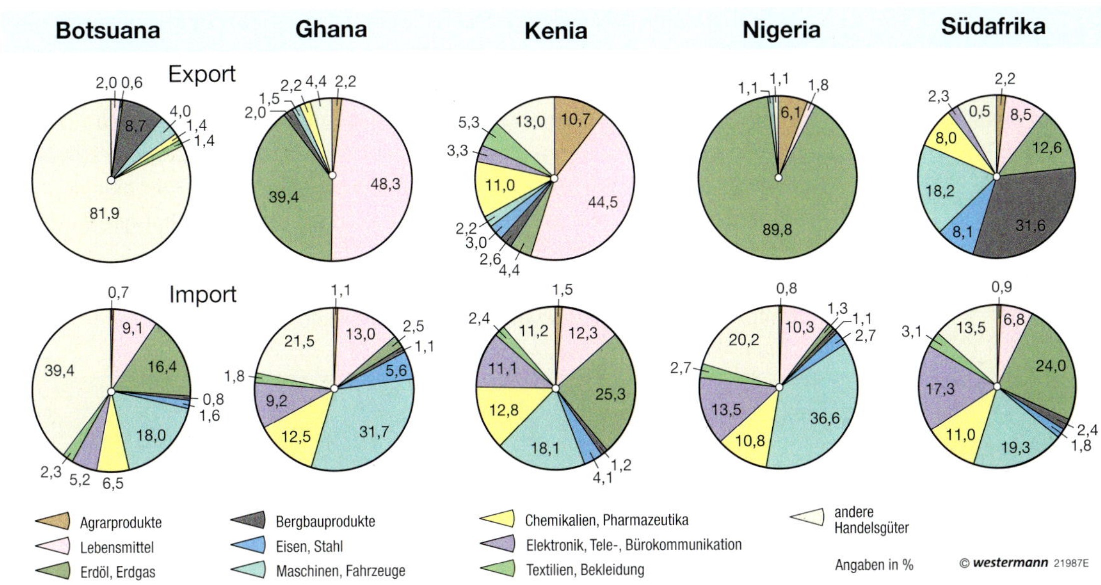

M5: Handelsstruktur (Exporte, Importe) ausgewählter subsaharischer Länder 2012

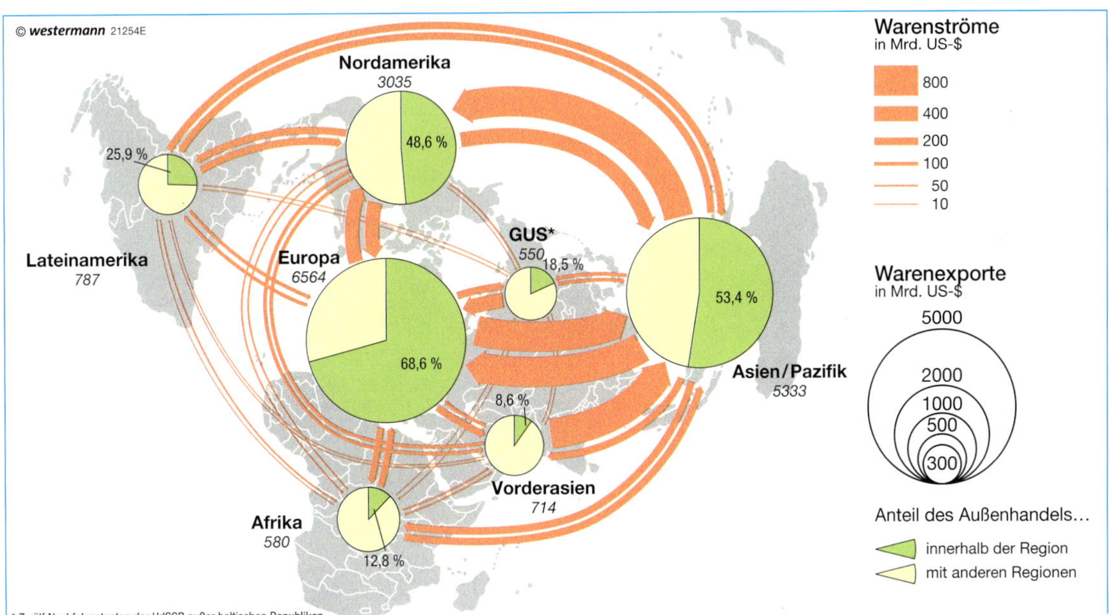

M6: Weltweite Warenströme 2012

1 Erläutern Sie die Wirtschaftsstruktur und -entwicklung in den erdölexportierenden Ländern.

2 Vergleichen Sie die Handelsstruktur der in M5 aufgeführten Staaten.

D1-136 www.diercke.de | D1-142 www.diercke.de | D1-144 www.diercke.de | D1-244 www.diercke.de

3.2 Afrikas natürliche Ressourcen

Etliche afrikanische Länder sind reich an energetischen und/oder mineralischen Bodenschätzen. Dieser Rohstoffreichtum – gemeinhin als wichtige Voraussetzung für wirtschaftliche Entwicklung angesehen – hat vielen dieser Länder allerdings bislang kaum einen Vorteil gegenüber den anderen weniger begünstigten Ländern eingebracht.

Es sind im Moment insbesondere vier Technologiesektoren absehbar, für die Afrika in Zukunft ein wichtiger Rohstofflieferant werden könnte:
- *Elektromobilität: Kobalt (D.R. Kongo, Sambia);*
- *Elektronik, Katalysatortechnik: Platinmetalle, (Südafrika);*
- *Supraleitertechnik: Zirkonium (Südafrika);*
- *Mikroelektronik, Implantate: Tantal (Ruanda, D.R. Kongo).*

Bergbauprodukte sind weiterhin die mit Abstand wichtigsten Exportprodukte Subsahara-Afrikas. Nur wenige Staaten verarbeiten die Rohstoffe im eigenen Land weiter. Die derzeit bekannten Rohstoffvorkommen Afrikas liegen vorwiegend im Süden und Nordwesten des afrikanischen Kontinents. Dabei sind vor allem die Platinmetallgruppe, Diamanten, Kobalt, Chrom, Mangan, Bauxit aber auch Erdöl von Bedeutung. Allerdings nimmt Afrika nur bei zehn von insgesamt 65 Metallen bezüglich Produktion und Reserven weltweit eine besondere Rolle ein.

In den Medien, aber auch in wissenschaftlichen Veröffentlichungen wird sehr oft der Ressourcenreichtum der Länder Afrikas in Zusammenhang mit schwacher Staatlichkeit als Entwicklungsbremse angesehen („Ressourcenfluch") und als ein Hauptgrund für die vielfältigen Konflikte innerhalb der Staaten.

M1: North Mara-Goldmine in Tansania

M2: Kleinbergleute in Tansania beim Goldwaschen

M3: Afrikanische Ressourcen im internationalen Blickfeld

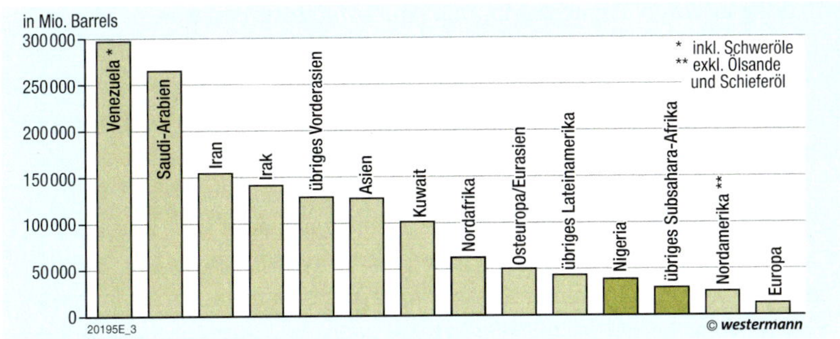

M4: Globale konventionelle Erdölreserven 2012

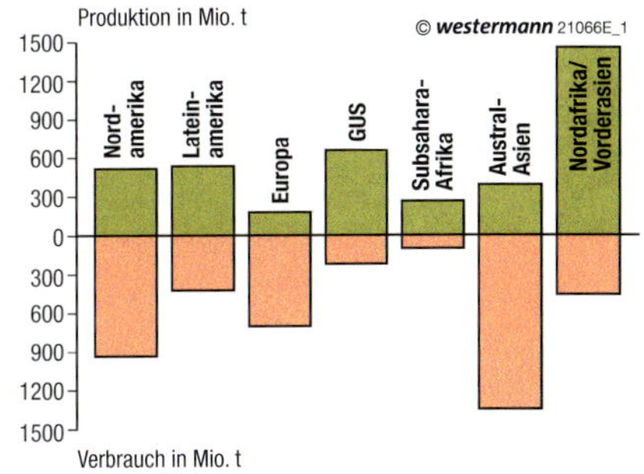

M5: Erdöl: Produktion und Verbrauch 2012

Reserven
Vorräte in Lagerstätten, aus denen sich von der Industrie benötigte Rohstoffe wirtschaftlich und technisch gewinnen lassen

Rohstoff	Land	Reserven			Förderung		
		in t	in %	Rang	in t/Jahr	in %	Rang
Platin/Paladium	Südafrika	63000	95,6	1	222	55,1	1
Kobalt	D. R. Kongo	3400[1]	47,2	1	57[1]	47,5	1
Diamanten	Dem. Rep. Kongo	150[2]	20,0	2	17[2]	21,3	2
	Botsuana	130[2]	17,3	3	22[2]	27,5	1
	Südafrika	70[2]	9,3	4	4[2]	5,0	5
Chrom	Südafrika	200000[1]	41,7	2	11000[1]	42,3	1
Bauxit	Guinea	7400000[1]	36,4	1	17000[1]	6,6	6
Mangan	Südafrika	150000[1]	26,3	1	3800[1]	22,4	1
Uran	Namibia	357000	13,9	2	4500	7,8	5
	Niger	335000	13,1	3	4650	8,0	4
Vanadium	Südafrika	3500000	25,0	3	20000	26,3	2
Zirkonium	Südafrika	14000[1]	20,9	2	360[1]	25,0	2
Gold	Südafrika	6000	11,1	2	145	5,2	6
Erdöl	Nigeria	37,2[3]	2,2	9	2417[4]	2,8	12
	Angola	12,7[3]	0,8	16	1784[4]	2,1	14
Tantal	Ruanda	k.A.	k.A.	k.A.	150	25,4	1
	D. R. Kongo	k.A.	k.A.	k.A.	110	18,6	3

[1] in 1000 t bzw. 1000 t/Jahr; [2] in Mio. Karat bzw. Mio. Karat/Jahr; [3] in 1000 Mio. Barrel; [4] in 1000 Barrel/Tag

M6: Reserven und Förderung von wirtschaftlich bedeutenden Rohstoffen in Afrika (Menge, Anteil der Weltreserven/-förderung und Rang der Weltreserven/-förderung) 2012

	Co	Nb	Pt/Pd	Ta	W	Sb	S.E.	Fluorit	Graphit	Anzahl
Südafrika			x			x	x	x		4
D.R. Kongo	x	x		x						3
Nigeria		x		x						2
Ruanda				x	x					2
Simbabwe			x						x	2
Botsuana			x							1
Burundi					x					1
Äthiopien				x						1
Gabun		x								1
Kenia								x		1
Malawi		x								1
Namibia								x		1
Tansania			x							1
Uganda	x									1
Sambia	x									1

Co = Cobalt; Nb = Niob; Pt/Pd = Platin/Palladium; Ta = Tantal; W = Wolfram; Sb = Antimon; S.E. = Seltene Erden

Kritische Rohstoffe
Die EU-Kommission hat eine Liste von 14 wirtschaftlich wichtigen Rohstoffen erstellt, bei denen die Versorgung Europas stärker gefährdet ist. Für dieses erhöhte Versorgungsrisiko gibt es eine Reihe von Gründen, darunter die stark in einem bestimmten Nicht-EU-Land konzentrierte Produktion eines Rohstoffs.

M7: Länder Subsahara-Afrikas mit Ressourcen an kritischen Rohstoffen

1 Beschreiben Sie die Förderung und Reserven von Rohstoffen in Subsahara-Afrika (M4-6).

2 Erläutern Sie die Bedeutung von Vorkommen kritischer Rohstoffe für subsaharische Länder.

D1-142 www.diercke.de
D1-144 www.diercke.de
D1-242 www.diercke.de

Rohstoffe als Entwicklungsfaktor oder Fluch der Ressourcen?

M1: Quellentext zu den Chancen des Rohstoffreichtums für Entwicklungsländer
BMZ: Entwicklungsfaktor extraktive Rohstoffe (2010)

» *In vielen Entwicklungsländern spielt der Rohstoffsektor eine bedeutende wirtschaftliche Rolle und liefert einen gewichtigen Beitrag zu den Staatseinnahmen sowie im Falle des Bergbaus zum Arbeitsmarkt. (...) Bereits der Aufbau der notwendigen physischen Infrastruktur schafft Arbeitsplätze und kann eine erhöhte inländische Wertschöpfung (zum Beispiel Bauwirtschaft, Finanzsektor, Handel) bewirken. Die Erträge aus der Rohstoffförderung können diesen Wachstumsprozess intensivieren und mittelfristig sogar zu einer größeren Anzahl von höher wertigen Arbeitsplätzen im Sektor sowie in nachgeordneten Bereichen (zum Beispiel Verhüttung, Handwerk, Weiterverarbeitungsindustrie, Wiederverwertung) führen. (...) Nachhaltige Rohstoffnutzung und verantwortungsbewusster Umgang mit Ressourcenreichtum sind wichtige Voraussetzungen für Armutsreduzierung und Konfliktvermeidung. (...) Neben Extraktion und Kleinbergbau gewinnt auch die Rohstoffindustrie in ärmeren wie in fortgeschrittenen Entwicklungsländern an Bedeutung. Die Wertschöpfung aus dem Rohstoffabbau, aus weiterverarbeitender Industrie oder durch Zulieferketten in vor- und nachgelagerten Sektoren (Dienstleistungen und Güter) steckt in der Mehrzahl der rohstoffreichen Entwicklungsländer allerdings noch in den Anfängen.* «

M2: Stahlwerk in Saldanha, Südafrika

M3: Quellentext zum Ressourcenfluch
Kiese, K.: Mineralische Rohstoffe in Südostasien. Geographische Rundschau 11/2009

» [Zwei US-amerikanische Ökonomen] *konnten mit einer Regressionsanalyse für 97 Entwicklungsländer empirisch nachweisen, dass Rohstoffreichtum das wirtschaftliche Wachstum nicht fördert, sondern behindert. Dieses auf den ersten Blick überraschende Ergebnis lässt sich mit makroökonomischen Ursachen und politisch-institutionellen Faktoren erklären. (...)*
*Während sich die Niederlande von dieser „***Holländischen Krankheit***" gut erholt haben, gehen viele rohstoffexportierende Entwicklungsländer sehr nachlässig mit ihrem natürlichen Reichtum um. Erlöse aus dem Export von Bodenschätzen wecken Begehrlichkeiten und verzerren die Anreizstrukturen bei Investitionen und Staatsausgaben zugunsten von Militär, Prestigeprojekten und Sozialtransfers und zulasten von nachhaltigen Investitionen in Infrastruktur, Bildung, Forschung und Entwicklung. Viele rohstoffexportierende Länder leiden unter Korruption und einer Gefangennahme der Politik durch die Partikularinteressen organisierter Minderheiten, die Einfluss auf die Politik nehmen, um gesellschaftliche Erträge aus Rohstoffeinnahmen in ihre Taschen umzulenken (rent seeking). Dieses Phänomen wird auch als „Fluch der Ressourcen" bezeichnet.* «

Holländische Krankheit
Als Ende der 1960er-Jahre in der Nordsee vor den Niederlanden ein großes Erdgasfeld entdeckt wurde, wertete die Landeswährung stark auf und verteuerte so die Exporte von Industriegütern und Dienstleistungen. Der stark wachsende Ressourcensektor zog außerdem Investitionen und Arbeitskräfte aus den anderen Wirtschaftszweigen ab.

Chancen	Risiken
Exporterlöse • für den Aufbau von Industrie und Infrastruktur, • für Investitionen in Sach- und Humankapital, • zur Verbesserung von Rechtsordnung und sozialer Sicherung, • zur Erschließung erneuerbarer Ressourcen, • zur Tilgung von Auslandsschulden.	• Verminderung des Naturkapitals durch Abbau nicht erneuerbarer Ressourcen, • hohe Umweltbelastungen, • gewaltsame Konflikte um Ressourcenzugang, • Abhängigkeit von zyklischen Preisschwankungen auf dem Weltmarkt und langfristigem Preisverfall, • Abhängigkeit von multinationalen Konzernen, • ausbleibende Diversifizierung der Wirtschaftsstruktur.

M4: Chancen und Risiken einer ressourcenbasierten Wachstumsstrategie

Staaten außerhalb Afrikas wie Norwegen, Kanada oder Australien zeigen, dass Rohstoffreichtum nicht zwangsläufig zu einem Ressourcenfluch führen muss, sondern im Gegenteil zu einer erfolgreichen Wirtschaft und großem Wohlstand der Bürger. Norwegen, das regelmäßig bei Ratings der wirtschaftlichen Entwicklung, Bildung, Gesundheitsvorsorge und des sozialen Sicherheits - und Rechtssystems Spitzenplätze belegt, hat seit Entdeckung der Erdölvorkommen in der Nordsee in den 1960er-Jahren seine Öleinahmen in einem staatlichen Pensionsfond (2012: 503 Mrd. Euro) angelegt, um nachhaltig den Wohlstand des Landes abzusichern.

Aber auch in Afrika gibt es mittlerweile Staaten wie Botsuana, Ghana und Namibia, die ihre Rohstoffeinnahmen sinnvoll einsetzen, ihre Bürger an den Einnahmen partizipieren lassen, stabile wirtschaftliche Strukturen und politische Rahmenbedingungen schaffen sowie die Diversifizierung der Wirtschaft vorantreiben.

	Nigeria	Botsuana	Norw.
Mitspracherecht/ Rechenschaftspflicht der Regierung	-0,7	0,5	1,8
Politische Stabilität	-2,1	1,1	1,3
Effektivität der Regierungsführung	-1,0	0,4	1,9
Regulierungsqualität	-0,7	0,7	1,5
Rechtstaatlichkeit	-1,2	0,7	1,9
Korruptionskontrolle	-1,1	0,9	2,2

Werte: -2,5 Bad Governance bis 2,5 Good Governance

M5: Governance Indicator der Weltbank für Nigeria, Botsuana und Norwegen 2012

»

Botsuana – flächenmäßig so groß wie Frankreich – ist in vieler Hinsicht ein leuchtendes Beispiel wie sich Afrika aus der Misere befreien könnte. Es ist ein Vorbild für wirtschaftliche Entwicklung, Wohlstand sowie politische und soziale Stabilität in Afrika. (...). Es gibt eine funktionierende Infrastruktur und keine Energieversorgungsprobleme. Botsuana hat seinen Diamantenreichtum (etwa ein Fünftel der globalen Diamantenproduktion) erfolgreich genutzt und hat einen hohen Entwicklungsstand erreicht. Botsuana hatte aber auch schon eine geringe Korruption und gut funktionierende Institutionen, bevor die Edelsteine entdeckt wurden. Die Rohstoffeinnahmen fließen in einen Staatsfonds – ähnlich dem Fonds in Norwegen –, worüber das Land auch in Bildung, Gesundheit, nachhaltigen Tourismus und die Zukunft investiert. Damit kommt der Reichtum nicht nur einer kleinen Elite zugute. (...) In der Hauptstadt fehlen pompöse Bauwerke und unsinnige Prestigeprojekte, stattdessen wurde in Schulen, Krankenhäuser, Wasserprojekte und Infrastruktur investiert.

«

M6: Quellentext über Botsuana
Seitz, V.: Botsuana zeigt: Reichtum kann gerecht verteilt werden Deutsche Wirtschafts Nachrichten 1.4.2014

M7: Asphaltierte Straße in der Kalahari-Wüste (Botsuana)

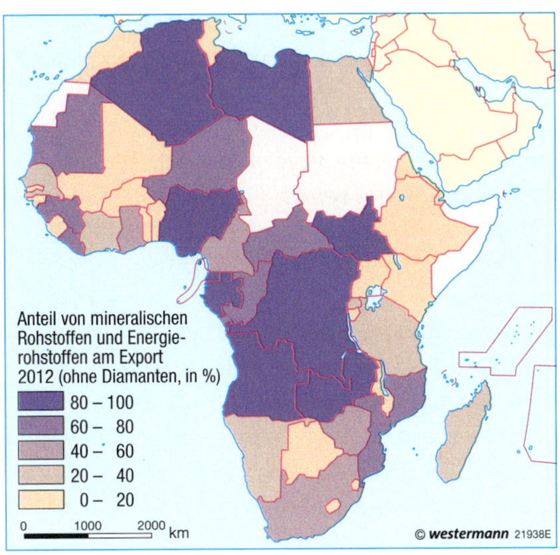

M8: Afrika: Anteil Rohstoffe am Export

	Norwegen	Nigeria
Erdölproduktion (in 1000 Barrel/Tag 2012) (1960)	1532 (0)	1954 (17,4)
Anteil Erdölexporte an Gesamtexporten	75 %	89 %
BIP 2012 (in Mrd. US-$)(1960)	500 (5,2)	458 (4,2)
BIP/Ew. 2012 (1960)	99636 (1442)	2722 (93)
HDI 2012 (Rang)	0,955 (1.)	0,471 (153.)
Gini-Index	25,8	48,8
Korruptionsindex (Rang)	86 (5.)	25 (144.)
Politische Rechte*	1	4
Bürgerliche Freiheiten*	1	5
Armut (<1,25 US-$/Tag)	0 %	68,0 %
Gesundheitsausgaben (in % des BIP)	8,0	1,9
Bildungsausgaben (in % des BIP)	6,8	0,8
Forscher pro Mio. Ew.	5504	39

*Skala von 1 (am freiesten) bis 7 (am wenigsten frei)

M9: Vergleich Norwegen - Nigeria

1 **Erläutern Sie die Chancen und Risiken einer ressourcenbasierten Wachstumsstrategie.**
2 **Vergleichen Sie die wirtschaftliche Entwicklung der Rohstoffländer Norwegen und Nigeria**

	1970	1980	1990	2000	2012
Exporte (in Mrd. US-$)	2,3	26,0	13,5	21,0	115,9
Erdöl, Erdgas	58 ,1%	97,1 %	97,0 %	99,5 %	89,2 %
Bergbau-produkte	4,2 %	0,0 %	0,1 %	0,0 %	0,3 %
Agrarpro-dukte	36,4 %	2,5 %	2,4 %	0,2 %	7,9 %
Industrie-produkte	0,7 %	0,4 %	0,5 %	0,3 %	2,6 %

M1: Nigeria: Exporte

M2: Nigerdelta: Erdölförderung

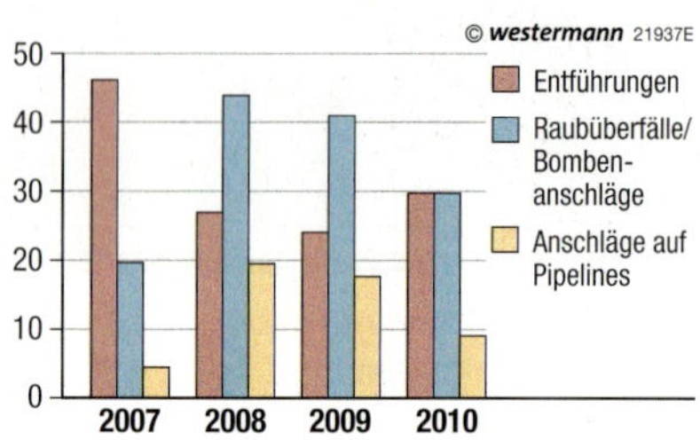

M3: Sicherheitsvorfälle im Nigerdelta

M4: Quellentext über eine private Raffinerie in Nigeria
Gänsler, K.: Ein paar Liter von Nigerias Öl-Reichtum. Deutsche Welle 10.12.2012

M5: „Private" Erdölraffinerie in Nigeria

Erdöl im Nigerdelta – Fluch der Ressourcen?

Seit 1958 wird in Nigeria vor allem von westlichen Konzernen Erdöl und Erdgas gefördert. Über 80 Prozent der gesamten Einnahmen des Landes und 35 Prozent des Bruttoinlandprodukts stammen aus den Erdölgeschäften. Staat und Erdölfirmen teilen sich die Erdölprofite 60 zu 40. Allerdings profitiert die Bevölkerung des Landes nur wenig von diesem Reichtum. Das bevölkerungsreichste Land Afrikas besetzt im Index der menschlichen Entwicklung (HDI) nur Platz 153 und rund 70 Prozent der Bevölkerung leben unter der Armutsgrenze.

Im Nigerdelta ist ein dichtes Netz aus Förderanlagen, Pipelines und Pumpstationen entstanden, das weder traditionelle Bodenrechte noch die lokalen Wirtschaftsstrukturen berücksichtigt. Die Nationalisierung der Öl- und Gasreserven und somit der Territorien, die für die Förderung genutzt werden, enteignete faktisch die etwa 60 ethnischen Gruppen im Nigerdelta. Die Verarmung von Bauern und Fischern und die Vergiftung der Umwelt waren die Folgen des Erdöl-Booms in den dicht bevölkerten Gebieten.

Bewaffnete Rebellengruppen wie etwa die MEND (Movement for the Emancipation of the Niger Delta) versuchen mit Gewalt (Entführungen, Raubüberfalle und Anschläge auf Pipelines), eine Beteiligung an den Öl-Einnahmen durchzusetzen. Allerdings ist der Rhetorik ihres Kampfes gegen „Ungerechtigkeit" und für Umverteilung der Erdölprofite kaum mehr zu glauben, da einige der Widerstandsgruppen ihrerseits mittlerweile in Kriminalität und Korruption verstrickt sind. Die schwierige Sicherheitslage schadet der nigerianischen Ölwirtschaft massiv. Seit die MEND im Jahr 2006 mit den Anschlägen begann, ist die Fördermenge Rohöl um knapp 20 Prozent gefallen (M4, S. 15). Der Versuch der Regierung seit 2009 die Mitglieder der militanten Gruppen zu entwaffnen und wieder in die Zivilgesellschaft zu integrieren, scheiterte, da nur ein Teil der MEND-Mitglieder die angebotene Amnestie annahm. Von Frieden im Nigerdelta kann also nicht die Rede sein.

Zudem verliert Nigeria jährlich rund sieben Milliarden Dollar an Einnahmen aus der Erdölförderung durch Diebstähle in Förderanlagen oder entlang der Ölpipelines. Die Diebstähle gehen allerdings nicht nur auf das Konto der Widerstandsgruppen oder kriminellen Syndikate, sondern werden auch von einer ganzen Reihe kleinerer Gruppen und Einzelpersonen begangen, die so ihr Überleben sichern.

»

Der Eingang ist gut getarnt und nur mit einem Boot zu erreichen. Vorsichtig schieben ein paar Männer die großen Äste beiseite - eine wichtige Sicherheitsmaßnahme, denn ihr Versteck darf nicht so schnell auffliegen. Hier am Ufer des Niger-Deltas, einem Labyrinth aus unzähligen Flussarmen im äußersten Südosten des Landes, holen sie sich ein bisschen von Nigerias Reichtum zurück. Beißende Rauchschwaden hängen in der Luft, der Boden ist morastig und vom Öl schwarz gefärbt. Überall stehen Blecheimer, Fässer und mittendrin einfache, selbst gezimmerte Holzgestelle, mit denen die Männer Benzin, Kerosin und Diesel produzieren. Sie sind das Herzstück der lokalen Raffinerie. Das Wort „illegal" will hier niemand hören. (…)
Überall im Niger-Delta wird Gas abgefackelt, obwohl das bereits seit 1984 verboten ist. Bei der Verbrennung entstehen giftige Dämpfe. Regelmäßig tritt Öl durch undichte oder illegal angezapfte Pipelines aus, macht Trinkwasser ungenießbar, zerstört Fischbestände oder verseucht die Böden der Farmer. Bei den lokalen Raffinerien ist es nicht anders. (...) An guten Tagen stellen die Männer 10 000 Liter Benzin und rund 25 000 Liter Diesel her.

«

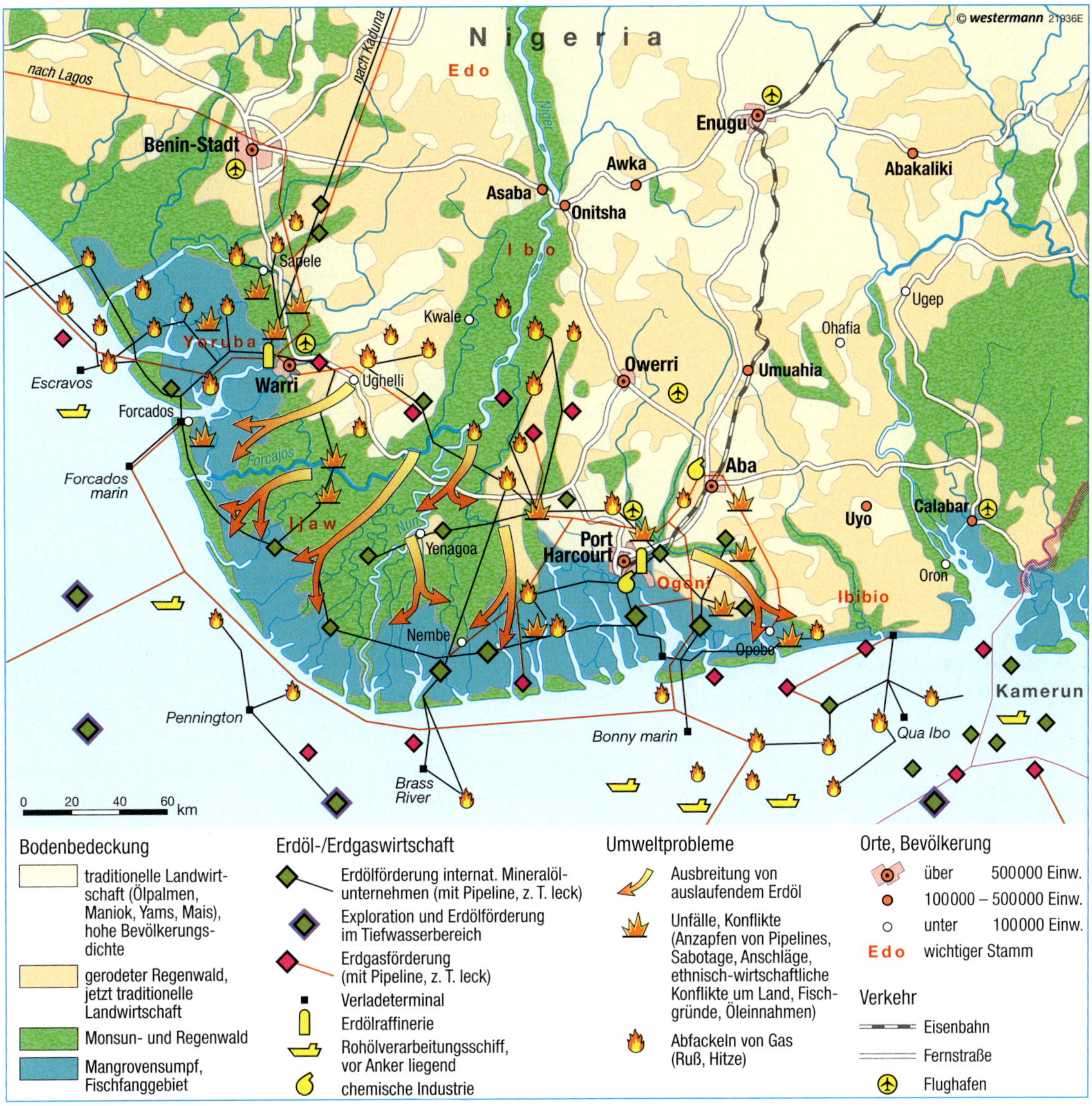

M6: Erdölwirtschaft im Nigerdelta

»

Die Ölförderung hat die Region stärker und nachhaltiger verschmutzt als bisher vermutet. In Teilen Ogonilands enthält das Trinkwasser giftige Kohlenwasserstoffe und krebserregendes Benzol, die Böden sind kontaminiert und wichtige Ökosysteme wie die Mangrovenwälder sind in ihrer Lebensfähigkeit massiv bedroht. An einem Ort haben Wissenschaftler der UN eine acht Zentimeter dicke Ölschicht auf der Grundwasseroberfläche entdeckt. Die Verschmutzung des Trinkwassers stelle, so das Umweltprogramm, ein enormes gesundheitliches Risiko für die Bevölkerung dar und müsse so schnell wie möglich behoben werden.

«

M7: Quellentext zu einem Umweltbericht des Umweltprogramms der UN
BUND: UN fordert Shell und nigerianische Regierung auf, das Delta zu säubern (2011)

1 Erläutern Sie die ökologischen Folgen der nigerianischen Erdölförderung.

2 „Nigeria ist ein Musterbeispiel für den Ressourcenfluch." Nehmen Sie Stellung zu dieser Aussage.

Ostkongo – Krieg um Ressourcen?

M 1: Quellentext zu den Ursachen der Konflikte im Ostkongo
Rohstoffhunger heizt den Konflikt im Kongo an. Die Welt 31.12.2012

» *Die Rebellen, die im November die Stadt Goma im Osten der Demokratischen Republik Kongo eroberten, sind abgezogen. Die Friedensgespräche laufen, aber die Skepsis bleibt. Zu tief liegen die Ursachen für den Konflikt, der die Region seit Jahrzehnten beherrscht. Denn der Osten ist sehr reich: Diamanten, Gold, Kupfer, Kobalt und Coltan – unerlässlich für Handys und andere Hightechgeräte. Das lockt Milizen und Warlords an, skrupellose Unternehmer, gierige Militärs und korrupte Politiker. Wer den Rohstoffabbau kontrolliert, wird reich, kann Waffen kaufen und sich die Minen sichern. (...) Diverse Milizen (...) ziehen plündernd und mordend umher. Die kongolesische Armee, schlecht ausgerüstet und unterbezahlt, ist machtlos und zum Teil selbst an der Gewalt beteiligt. (...) Aber solange die entwickelten Länder die geplünderten Rohstoffe bedingungslos abnehmen, wird der Konflikt weitergehen.* «

Ressourcenkrieg
Kriegerische Auseinandersetzung oder gewaltsamer Konflikt, bei dem die Kontrolle von Ressourcen ein wichtigeres Kriegsziel als die Kontrolle von Territorien oder die Durchsetzung von politischen Forderungen ist

Ursachen für den seit Jahrzehnten andauernden Konflikt im Ostkongo:

- *ethnisierte Auseinandersetzungen um Zugang zu Land und zu politischen Institutionen,*
- *Fragen von Staatsbürgerschaftsrechten und nationaler Identität,*
- *die Kopplung an die Konflikte in Ruanda,*
- *die Marginalisierung dieser Grenzregion durch den Zentralstaat im Kontext eines allgemeinen Staatsversagens.*

Die einfache These „Der Abbau von Coltan für unsere Handys heizt den Krieg im Ostkongo an" ist weit verbreitet. Einige NGOs haben damit sogar erreicht, dass in der USA der Handel mit Mineralien aus der D.R. Kongo streng kontrolliert wird. Doch andere Wissenschaftler stellen einen **Krieg um Ressourcen** als alleinige Ursache in Frage (M 5). So haben die beiden Provinzen Nord- und Südkivu an der Grenze zu Uganda, Ruanda und Burundi, die im Zentrum der bewaffneten Konflikte stehen, eine heterogene ethnisch-sprachliche Zusammensetzung und eine hohe Bevölkerungsdichte. Die heute in der Region anzutreffende angeblich „ethnische" Einteilung in Hutu und Tutsi ist das Resultat rassistischer Theorien und geht auf die willkürliche Einteilung der ehemaligen belgischen Kolonialmacht zurück.

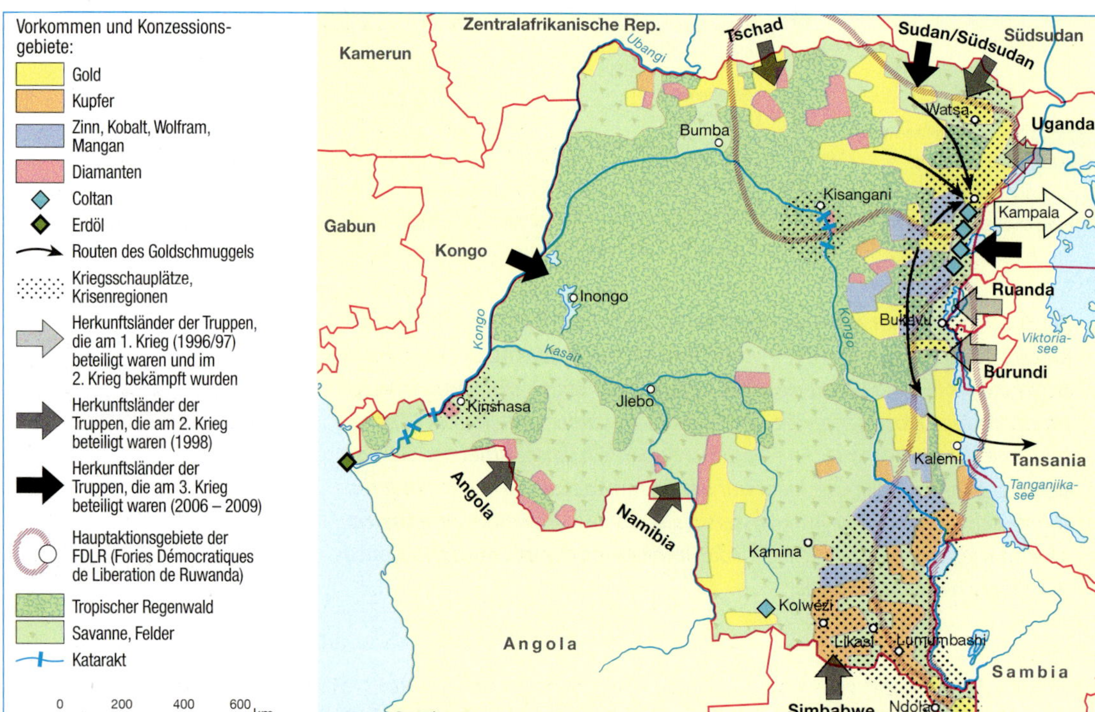

M 2: Rohstoffvorkommen und Konfliktherde in der Demokratischen Republik Kongo

M3: Wolframit- und Kassiterit-Mine im Kailo, D.R. Kongo

Coltan-Bergbau im Ostkongo

Der Coltan-Abbau im Kongo konzentriert sich im Wesentlichen auf die Kivusee-Region. Das Erz wird ausschließlich informell im Kleinbergbau gefördert, da die alten Förderanlagen mangels Instandhaltung heute weitgehend zerfallen sind, und über Mittelsmänner vermarktet. Die Minenarbeiter gewinnen aus dem Erdreich durch Nasssiebung und Schweretrennung Konzentrate für die weitere Verhüttung. Schätzungen gehen von circa 200 000 Minenarbeitern mit etwa einer Mio. abhängigen Familienangehörigen aus, die mit dem Coltanbergbau ihr Überleben sichern.

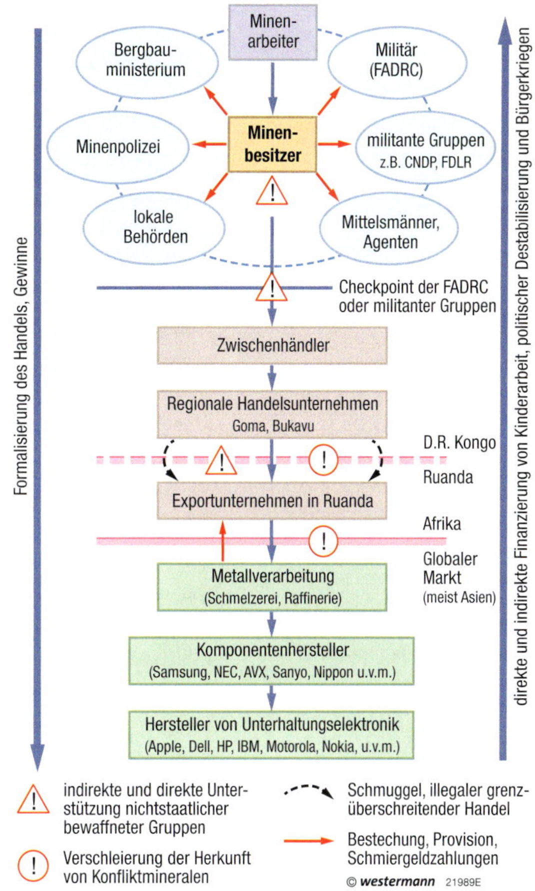

M4: Informeller Coltanhandel im Kongo

»

Die These, dass Kriege um Rohstoffe geführt werden, kann weder für die ersten beiden Kongokriege (1996/97 und 1998–2003) noch für die Situation nach 2003 belegt werden. Durch eine Reihe von Berichten der Vereinten Nationen ist dagegen sehr wohl nachgewiesen, dass alle Beteiligten des „zweiten Kongokrieges" mit den natürlichen Ressourcen der Gebiete handelten, die sie kontrollierten, um damit auch den Krieg zu finanzieren. (...) Die Konfliktbeteiligten kämpfen[jedoch] nicht um den Zugang zu Minen, sondern für die Durchsetzung unterschiedlicher politischer Ziele. Auch geht die Terrorisierung der Zivilbevölkerung nicht deshalb weiter, weil jemand Coltan, Kassiterit, Wolframit oder Gold kauft, an dem bewaffnete Gruppen verdient haben. Die Annahme, Frieden wäre möglich, wenn nur den Gruppen die Einnahmen aus dem Mineralienhandel entzogen würden, ignoriert die Komplexität des Konfliktgeschehens und seine historische Dimension und verstellt damit den Blick für eine nachhaltige Konfliktbearbeitung.

«

M5: Quellentext zum „Ressourcenkrieg" im Ostkongo

Doevenspeck, M.: „Konfliktmineralien" - Rohstoffhandel und bewaffnete Konflikte im Ostkongo. Geographische Rundschau 2/2012

Coltan

Erz, aus dem vorrangig Tantal gewonnen wird; u.a. zur Herstellung von kleinen Kondensatoren, die in Mobiltelefonen, Computern etc. verwendet werden

Kassiterit (Zinnstein)

Oxid des Zinns (SnO_2), Verwendung des Minerals zur Zinngewinnung, aber auch als Schmuckstein

1 **Erläutern Sie die Verwendung des Begriffs Ressourcenkrieg am Beispiel der D.R. Kongo.**

2 **In M5 wird der Krieg um Ressourcen als alleinige Ursache für die Konflikte im Ostkongo kritisiert. Erklären Sie die vorgebrachten Argumente.**

3.3 Probleme der Wirtschaftsentwicklung

Die wichtigsten Problembereiche der Wirtschaftsentwicklung Subsahara-Afrikas liegen in der Energieversorgung, der Transportinfrastruktur, der Verfügbarkeit von Devisen sowie in der Korruption und dem Bürokratismus.

M1: Quellentext zur Deindustrialisierung in Subsahara-Afrika
Rauch, T.: Afrika im Prozess der Globalisierung. Diercke Spezial (2007)

»

Es bleibt die Frage, warum Subsahara-Afrika trotz niedriger Industriearbeiterlöhne von ca. zwei Euro pro Tag als Industriestandort derart unattraktiv ist. Die Antwort überrascht: Trotz des niedrigen Lohnniveaus ist die Region ein relativ teurer Produktionsstandort. Aufgrund eines anhaltenden Mangels an qualifizierten Technikern und Ingenieuren sowie der geringen Kapazitätsauslastung ist die Arbeitsproduktivität (Produktionswert je Arbeitsstunde) extrem niedrig. Hinzu kommen hohe Transportkosten aufgrund schlechter Verkehrsinfrastuktur. Zudem erlaubt es das geringe Volumen der lokalen Märkte oft nicht, die Effizienzvorteile der Massenproduktion zu nutzen. Dazu kommt der administrative Aufwand, der nicht nur viel Zeit für „Beziehungspflege", sondern auch beträchtliche Summen an Bestechungsgeldern verschlingt.

«

Bestechungsgelder	85 %
Konfiszieren von Waren	38 %
Bedrohung und Gewalt	54 %
Strafzahlungen	60 %
Lange Wartezeiten	19 %
Rüdes Verhalten, Beleidigungen	38 %

M2: Studie: Risiken des grenzüberschreitenden Handels

Der Bürokratismus und die Willkür an den Grenzen zwischen den Staaten macht es auch für Kleinhändler schwierig, in diesem Feld ein Auskommen zu finden. So zeigt etwa eine Weltbankstudie zum grenzüberschreitenden Handel im Gebiet der großen Seen an vier Stationen eine ganze Reihe an Risiken, der die vor allem weiblichen Kleinhändler ausgesetzt sind.

Nach einer kurzen, oft erfolglosen Phase der Industrialisierungspolitik lag in vielen subsahrischen Ländern nach der Unabhängigkeit der Schwerpunkt der Wirtschaftsentwicklung wieder auf der Vermarktung der Rohstoffe auf dem Weltmarkt. Hierzu wurde vor allem in die Exportinfrastruktur wie den Ausbau der Häfen und der Zubringerstraßen investiert. Sowohl die verarbeitende Industrie als auch der Binnen- und intraafrikanische Markt wurden weitgehend vernachlässigt. Der zwischenstaatliche Handel innerhalb Afrikas wird erschwert durch Handelsschranken wie Zölle und Bürokratismus, verschiedene Währungen unterschiedlicher Stabilität sowie unzureichende grenzüberschreitende Transportinfrastrukturen. Die notwendige Verbesserung der Hafen- und Bahninfrastruktur von Mozambik würde allein geschätzte 20 Mrd. US-$ kosten, das sind sechs Mrd. mehr als das Bruttoinlandsprodukt des gesamten Landes für 2012. Aber auch in die Binnenmarktnachfrage wurde wenig investiert, sodass viele vor allem höherpreisige Konsumgüter und Investitionsgüter wie Maschinen weiterhin importiert werden müssen.

M3: Afrika: Eisenbahnlinien und große Häfen

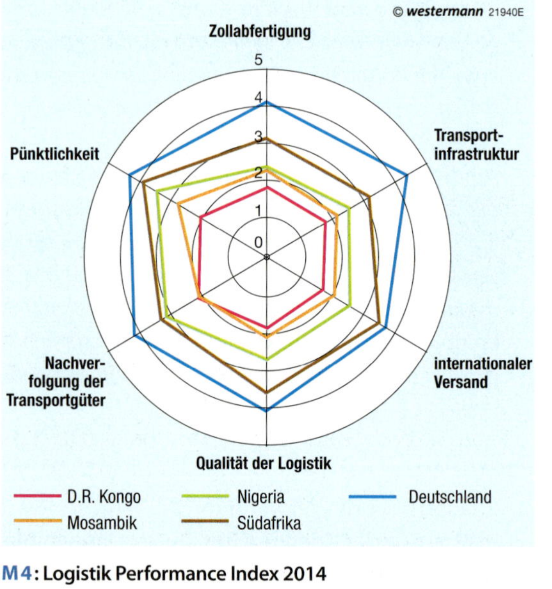

M4: Logistik Performance Index 2014

	D.R. Kongo	Mosambik	Nigeria	Südafrika
Straßendichte (km Straße/100 km²)	7	4	21	62
Asphaltierte Straßen (in % Gesamt)	1,8	20,8	15,0	20,3
Eisenbahndichte (km Schiene/ km²)	0,2	0,4	0,4	1,7
Kapazität des Haupthafens (in TEU)	k. A.	80,4	235,8	2511,7
Containeraufenthaltsdauer im Hafen (in Tagen)	25	22	42	4
Qualität Straßen*	k. A.	2,38 (135)	2,77 (114)	4,89 (42)
Qualität Eisenbahninfrastruktur*	k. A.	2,03 (89)	1,89 (95)	3,36 (46)
Qualität Hafeninfrastruktur*	k. A.	3,37 (116)	3,55 (106)	4,69 (52)
Qualität Luftfahrtinfrastruktur	k. A.	3,89 (103)	4,00 (100)	6,11 (15)
Verluste durch Stromausfälle (in % der Verkäufe)	22,7	2,4	8,9	1,6

* 1 = am schlechtesten; 7 = am besten (Weltrang, von 144 Ländern)

M5: Infrastrukturdaten für ausgewählte Länder 2000 - 2012

M6: Eisenbahnlinie zwischen Simbabwe und Sambia

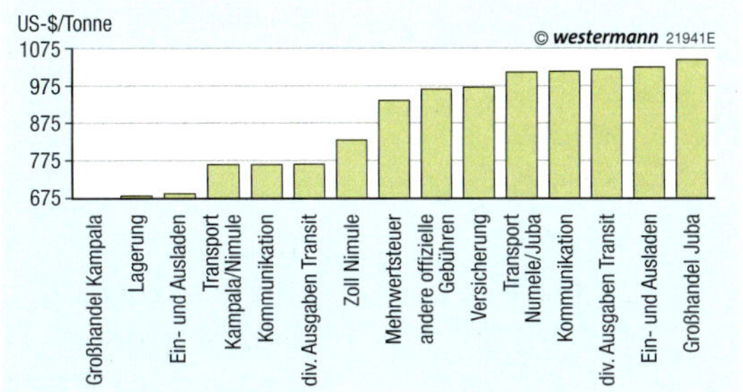

M7: Preise für den Handel mit Bohnen von Kampala (Uganda) nach Juba (Südsudan)

»

Für Fremde ist Nigeria ein Hochrisikoland. Kaum jemand von außen traut sich, in dem Land zu investieren, unter anderem aus Angst um die Sicherheit der Mitarbeiter. Ähnlich abschreckend wirken für Investoren jenseits von Afrika das verfilzte Regierungssystem, Korruption und Vetternwirtschaft. Dazu kommt die katastrophale Infrastruktur. Im Moloch Lagos mit seinen zehn Millionen Einwohnern, wo das Herz der Wirtschaft schlägt und 40 Prozent des Bruttoinlandsprodukts erwirtschaftet werden, sind die Straßen heillos verstopft. Permanent kommt es zu Blackouts. Einem Nigerianer steht im Schnitt eine Leistung von 30 Watt Strom zur Verfügung – einem Südafrikaner 500, einem Deutschen 5000 Watt.

«

M8: Quellentext zu Investitionshindernissen in Nigeria
Willershausen, F: Nigeria steht unter Strom. Wirtschaftswoche 2.2.2012

	Export			Import		
	1996 - 2000	2001 - 2006	2007 - 2011	1996 - 2000	2001 - 2006	2007 - 2011
Ostafrika	12,4	14,1	13,9	8,8	9,3	7,1
Zentralafrika	1,2	1,0	1,3	2,6	2,5	3,1
Nordafrika	3,2	2,9	3,9	2,8	3,7	3,8
Südliches Afrika	4,4	2,1	2,1	11,9	10,7	7,9
Westafrika	10,2	10,0	9,0	11,3	12,5	10,2
Lateinamerika	19,1	17,6	20,6	17,6	19,0	21,1
Asien	41,5	45,1	50,1	40,6	49,3	53,0
Europa	67,3	71,4	70,0	68,3	67,0	64,4

M9: Intraregionale Exporte und Importe 1996 -2011 (in % der Gesamtexporte und -importe)

	1996 -2000	2007 -2011
Industrieerzeugnisse	53,6 %	42,6 %
Primärgüter (außer Treibstoffe)	29,5 %	22,7 %
Treibstoffe	16,1 %	32,2 %
Andere	0,8 %	2,5 %

M10: Verteilung der Produktgruppen im innerafrikanischen Handel

1 Analysieren Sie die Probleme der Verkehrsinfrastruktur in Subsahara-Afrika.

2 Erläutern Sie die Ursachen für den vergleichsweise nur schwach entwickelten innerafrikanischen Handel.

D1-136
www.diercke.de

3.4 Afrika und China

M1: Hauptquartier der Afrikanischen Union in Addis Abeba
Der Konferenz- und Bürokomplex wurde 2009 von der Volksrepublik China mit geschätzten Kosten von 200 Mio. US-$ erbaut – als Geschenk an die Staaten Afrikas.

Chinas Engagement in Afrika wächst rasant. Während es in nahezu alle afrikanischen Länder Textilien, billige Konsumgüter aber auch Autos ausführt, richtet sich der Fokus des chinesischen Interesses in den krisenbehafteten Ölexportländern vor allem auf den Import von Erdöl.

Chinesische Bauarbeiter beim Straßenbau in Afrika, chinesische Ingenieure auf afrikanischen Ölfördereinrichtungen, chinesische Plastikwaren auf afrikanischen Märkten – China ist mittlerweile äußerst präsent in Subsahara-Afrika. Das ostasiatische Land ist längst zu Afrikas größtem Investor und Handelspartner aufgestiegen und will das Handelsvolumen bis 2020 noch einmal auf 400 Mrd. US-$ verdoppeln. Staatliche und private chinesische Unternehmen engagieren sich in vielen Sparten und fast allen afrikanischen Ländern. Besonders sichtbar wird das in großen Infrastrukturmaßnahmen. Vor allem jedoch in Nigeria, Äthiopien, Angola und Sudan wurde der Ausbau des Transport-, Energie-, und Telekommunikationssektors zu Vorzugsbedingungen von chinesischer Seite finanziert, allerdings dann auch meist von chinesischen Firmen mit weitgehend eigenem Personal durchgeführt. Im Mai 2014 kündigte China an, ein Hochgeschwindigkeitseisenbahnnetz, das alle afrikanische Hauptstädte verbinden soll, zu bauen und zu finanzieren. Sowohl die Wahl der Schwerpunktländer, als auch das Finanzierungs- und Durchführungsgebaren verdeutlichen die Eigeninteressen Chinas auf dem afrikanischen Kontinent. Afrika liefert 30 Prozent der Gesamtrohöleinfuhren Chinas und hat damit strategische Bedeutung für die Wirtschaftsentwicklung. Genau an dieser Flanke ist Chinas Wirtschaft enorm verwundbar: Angola, Nigeria und der Südsudan sind nicht gerade die politisch stabilsten Länder Afrikas.

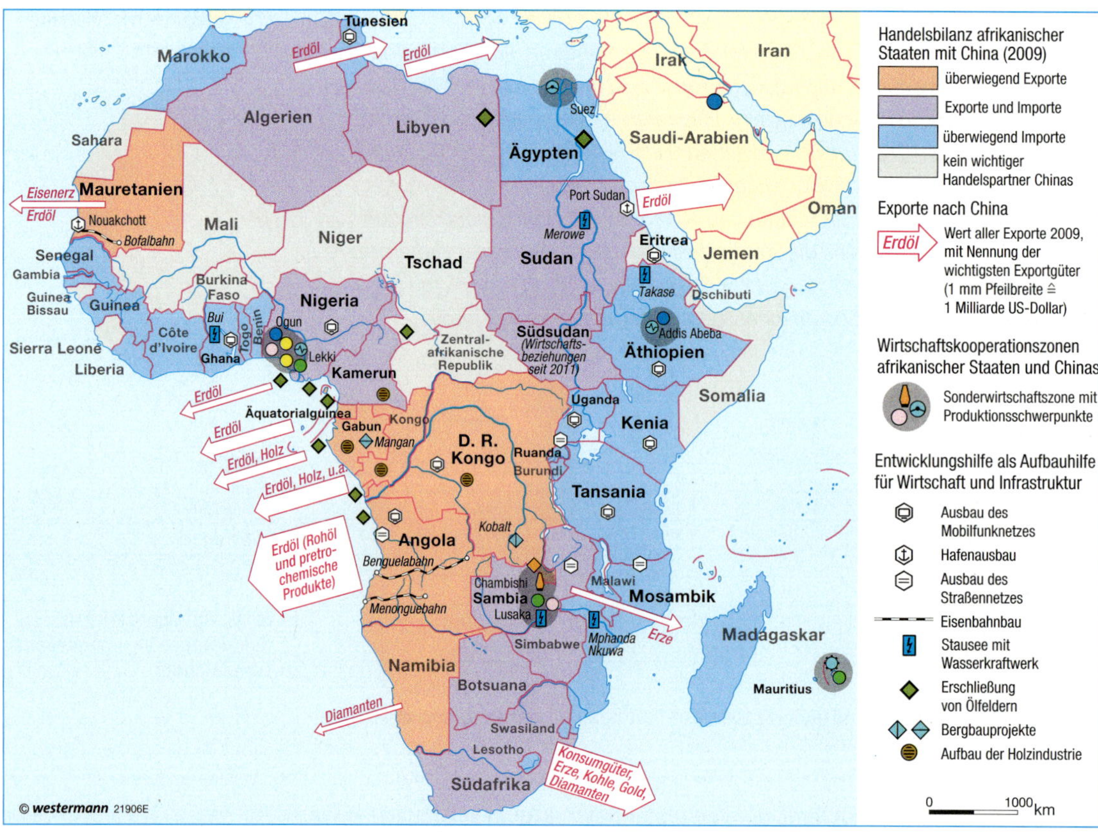

M2: Wirtschaftliches Engagement Chinas in Afrika

»

Chinesische Unternehmen erwarten sich viel von den Friedensverhandlungen im Südsudan. Sogar der chinesische Außenminister Wang Yi schwang sich nun zum Friedensvermittler auf. Als „Freund des Südsudans" forderte er ein sofortiges Ende des blutigen Konflikts. Bei seinem sechstägigen Amtsbesuch in Äthiopien, Dschibuti, Ghana und im Senegal will Chinas Vertreter schaffen, was seit Wochen unmöglich scheint: Rebellen und Regierungsvertreter einen Waffenstillstand abzuringen.

Aus reiner Nächstenliebe geschieht das nicht. Vielmehr fürchtet die chinesische Führung um die Sicherheit ihrer weitverzweigten und lukrativen Ölvorkommen im Südsudan. Denn das umkämpfte Land in Ostafrika ist in nur wenigen Jahren zum zweitwichtigsten Erdöllieferanten in Afrika aufgestiegen - nach Angola. Erst 2001 machten Arbeiter in der Region die größten Ölvorkommen ausfindig, China investierte prompt. Doch nun plagen Wang Yi und die staatlichen chinesischen Ölkonzerne Sinopec und die China National Petrolium Corporation (CNPC) große Sorgen: Seit sich Südsudans Präsident Salva Kiir und sein ehemaliger Stellvertreter Riek Machar Anfang Dezember in blutigen Auseinandersetzungen bekriegen, sind die Öllieferungen aus Afrika nach China um ein Fünftel zurückgegangen.

«

M3: Quellentext zu den chinesischen Friedensvermittlungen im Süd-Sudan
Peking fürchtet um Ölschätze - und spielt den Schlichter. Spiegel Online 7.1.2014

M5: Chinesische Delegation übergibt Schulranzen an Schulkinder in Sudan (2011)

Chinas Engagement in Afrika ist nicht unumstritten: aus europäischer und US-amerikanischer Sicht wird befürchtet, den Wettlauf um die afrikanischen Rohstoffe zu verlieren. In Afrika fürchten Händler und Arbeiter um ihre Existenz durch Billigimporte und Arbeitskräfteimporte aus China. Auch bemängeln viele Menschenrechtsaktivisten, dass die Investitionen Chinas, die im Gegensatz zur westlichen Entwicklungszusammenarbeit ohne politische Bedingungen erfolgen, zur Stabilisierung autokratischer Despotenregime beitrage. Andererseits nutzt der Ausbau der Infrastruktur auch der Binnenwirtschaft afrikanischer Staaten und damit insgesamt der Wirtschaftsentwicklung. Wie sich die afrikanischen Staaten in Zukunft bezüglich der Ausgestaltung weiterer Verträge mit China positionieren (können), wird entscheidend dafür sein, ob sich das chinesische Engagement in Afrika auch für Afrika gelohnt hat.

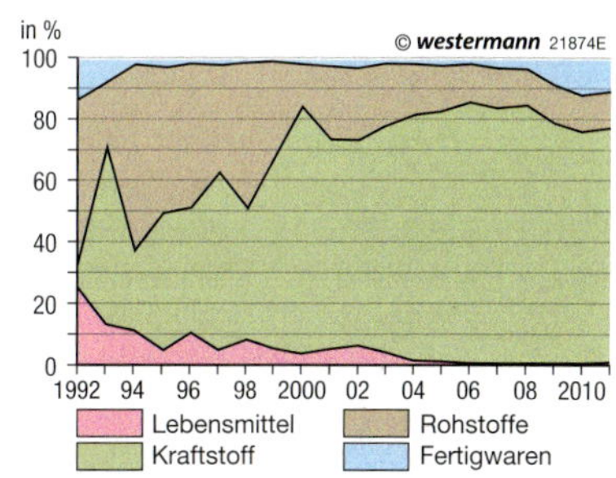

M5: Subsahara-Afrika: Exporte nach China

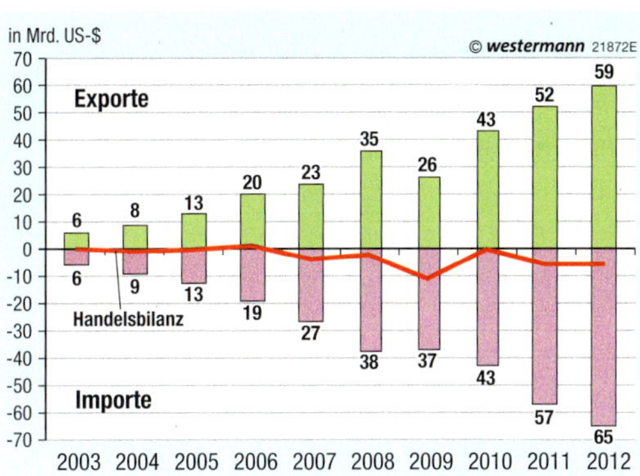

M6: Handelsbilanz Subsahara-Afrikas mit China 2003 - 2012

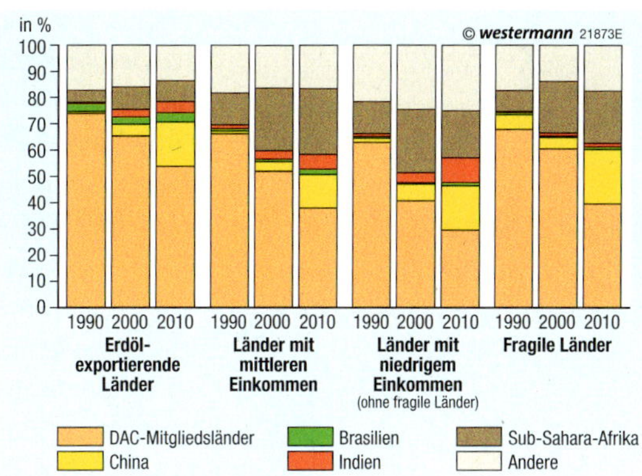

M7: Subsahara-Afrika: Handelspartner 1990 - 2010

1 Erläutern Sie die räumlichen Schwerpunkte der chinesischen Wirtschaftsaktivitäten in Afrika.

2 Beurteilen Sie das chinesische Engagement in Afrika.

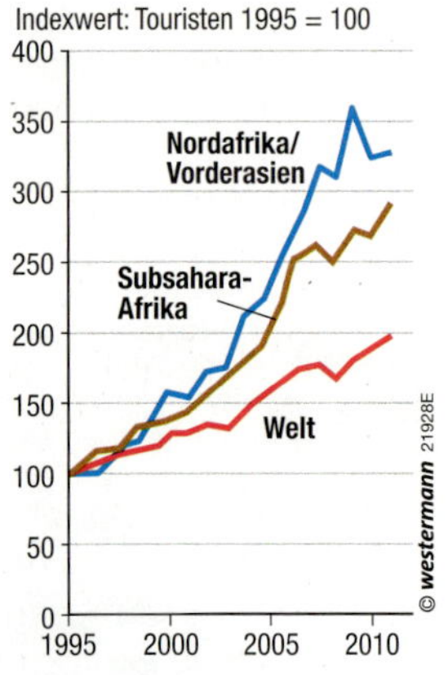

M1: Entwicklung Tourismus (Ankünfte) 1995 - 2012

	Afrika	Europa	Amerika	Ostasien
Südafrika	72,4 %	15,6 %	5,6 %	4,4 %
Kenia	17,3 %	57,9 %	8,1 %	10,0 %
Äthiopien	28,4 %	30,4 %	20,3 %	8,7 %

M2: Herkunftsregion der Touristen 2012

„Ich möchte, dass sich meine Gäste ganz wie zuhause fühlen und dass sie – wenn auch nur für ein oder zwei Tage – Teil meiner Familie und der ganzen Gemeinde hier werden. Das heißt, dass sie unter meinem Dach schlafen, mit mir zusammen kochen und mit meiner Familie essen, ein wenig Xhosa lernen etc."

Mama Noks, Betreiberin eines Slum-Hostels in Kapstadt

Die meisten Reisenden nach Afrika suchen die Exotik wilder Tiere und vermeintlich traditioneller Lebensweisen. Sowohl die Touristikagenturen der Länder selbst als auch die europäischen Reiseveranstalter begegnen dieser Nachfrage mit entsprechenden Angeboten.

Die Darstellung der Länder Subsahara-Afrikas in den europäischen Medien unterscheidet sich gravierend von denen in den Reisekatalogen. Bilder von Wildnis, Tieren, unberührter Natur und ursprünglichen Menschen in traditionellen Trachten sind hier dominant. Die meisten Besucher Afrikas aus Europa kommen, um in den Nationalparks wie etwa dem Krüger-Nationalpark in Südafrika oder dem Serengeti Nationalpark in Tansania die letzten afrikanischen Wildtiere in freier Wildbahn zu erleben. Städte- und Kulturtourismus wie etwa der Besuch von Kapstadt oder der Felsenkirchen von Lalibela in Äthiopien kommen an zweiter Stelle. Bade- und Tauchtourismus spielen bei den internationalen Touristen eine eher untergeordnete Rolle. Im Jahr 2012 hatte sich die Zahl der internationalen Touristen seit 2000 auf über 40 Mio. mehr als verdoppelt und der Tourismus trug mit 6,6 Prozent zu den Exporteinnahmen bei (31 Mrd. US-$; 2000: 19 Mrd. US-$). In Südafrika betragen die Einnahmen aus der Tourismusindustrie circa acht Prozent des BIP, in Äthiopien 4,8 Prozent und in Kenia 11 Prozent. Während die Tourismusinfrastruktur in Südafrika sehr gut ausgebaut ist, ist es zum Beispiel in Mali kaum möglich, in einer durchschnittlichen Reisezeit von zwei Wochen die Sehenswürdigkeiten des Südens und des Nordens auf dem Landweg zu erreichen.

Insbesondere die weniger nachgefragten Destinationen setzen zunehmend auf alternative Angebote wie Ethnotourismus, bei dem die Begegnung mit der Bevölkerung im bereisten Gebiet die wichtigste Rolle spielt. Diese Begegnung kann unterschiedlich lang und unterschiedlich intensiv sein. Das Spektrum reicht vom Anschauen und Fotografieren bis zur Teilnahme am vermeintlichen Alltag der Bereisten, etwa durch die Übernachtung in Gastfamilien.

Eine neue Art des Tourismus, der Slum-Tourismus, ist derzeit ein weiterer Trend in Afrika. Ganze Busladungen werden durch die Slums geführt, um das „Arme Afrika" kennenzulernen. In Südafrika besuchen jährlich bis zu 800 000 Urlauber aus aller Welt die Armenviertel. Alein in Soweto sollen mittlerweile circa 1500 Jobs von dieser Art des Fremdenverkehrs abhängen.

» *Entdecken Sie Botsuana auf dieser außergewöhnlichen Safari. Genießen Sie die unberührte wunderschöne Natur und profitieren Sie vom Komfort Ihrer luxuriösen Lodges und Camps. Ihr professioneller Safari Guide informiert Sie über Tiere, Landschaft und die Bewohner dieses faszinierenden Landes. Mit einem speziell für diese Safari ausgestattetem Safarifahrzeug gelangen Sie an Orte die nicht per Kleinflugzeug zugänglich sind. Botsuana und seine reiche Tierwelt erwartet Sie!"*

Text aus einem Reiseprospekt (DerTour Afrika, Sommer 2014)

» *Botsuana zieht jährlich über zwei Millionen Besucher an – das möchte die Nicht-Regierungs-Organisation Survival International ändern: Solange die Regierung das indigene Volk der Basarwa daran hindere, ihr Leben als Jäger und Sammler in den Weiten Botsuanas zu führen, sollten möglichst keine Touristen mehr das Land im Herzen Afrikas besuchen. (...) Mit der Begründung, die einzigartige Flora und Fauna schützen zu wollen, begann die Regierung mit der Umsiedlung der Basarwa. (...) Ohne die Jagd sind sie nach eigener Aussage auf Nahrungs- und Geldzuteilungen durch den Staat angewiesen – Depressionen, Infektionskrankheiten und Alkoholismus sind die Folgen."*

Julia Großmann, deutsche Reisejournalistin

	Touristen		Einkünfte		
	in 1000	in %	in Mio US-$	pro Ew. (in US-$)	in % der Exporte
Südafrika	9188	24,7	11201	211	9,8
Kenia	1470	4,0	2004	45	18,2
Äthiopien	596	1,6	1980	22	33,0
Mauritius	965	2,6	1778	1368	k.A.
Namibia	1027	2,5	645	269	12,1
Tansania	1043	2,8	1605	33	18,8
Ghana	931	2,5	1105	44	6,9
Uganda	1197	3,2	1105	30	23,4
Seychellen	208	0,6	26	260	2,8
Subsahara-Afrika	40293	100,0	31263	34	6,6

M3: Touristen und Tourismuseinnahmen in ausgewählten subsahrischen Ländern 2012

M4: Ferienbungalows in Satara, Krüger-Nationalpark

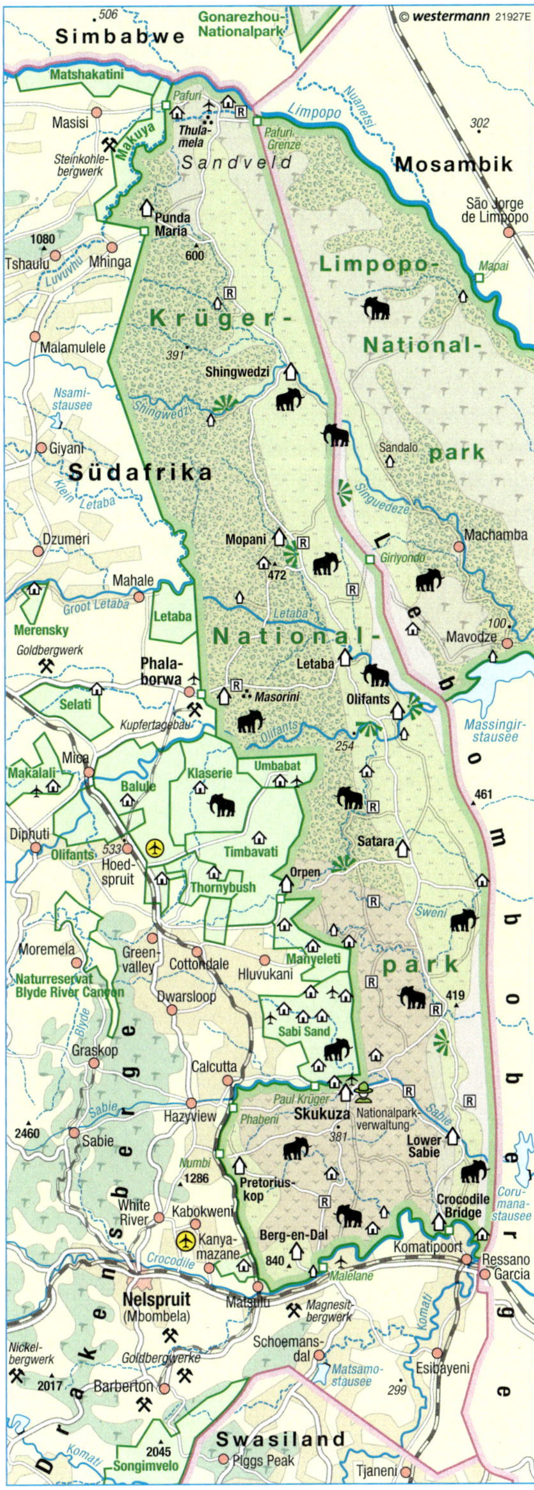

M5: Krüger-Nationalpark (Südafrika)

1 **Vergleichen Sie die Darstellung Subsahara-Afrikas in Reisekatalogen und aktuellen Medienberichten.**
2 **Erläutern Sie das Tourismuspotenzial der subsaharischen Staaten.**
3 **Erörtern Sie die Auswirkungen von Ethno- und Slum-Tourismus.**

D1-246 www.diercke.de

Im Laufe der letzten Jahrzehnte orientierte sich die Entwicklungspolitik an verschiedenen Schwerpunkten und Leitbildern. Ein Drittel der heutigen Leistungen der internationalen öffentlichen Entwicklungszusammenarbeit (Official Development Assistance) geht nach Subsahara-Afrika.

Zu Beginn der institutionalisierten Entwicklungspolitik in den 1950-Jahren setzte man analog zum Wirtschaftswunder in Europa auf Industrialisierung und Mechanisierung. Das sollte durch Großprojekte, die die Modernisierung aller Lebensbereiche zum Ziel hatten, und mithilfe vieler ausländischer Entwicklungshelfer erreicht werden. Da die Erfolge oft ausblieben, wandte man sich bis in die 1980er-Jahre einer autozentrierten Entwicklung, **Importsubstitution** und der Förderung kleinräumiger Wirtschaftskreisläufe zu. Beschäftigungsorientierte Konzepte mit Armutsgruppen- und Grundbedürfnisorientierung sowie eine ökologisch nachhaltige Ressourcennutzung dominierten. Ab den 1990er-Jahren wurde Entwicklungspolitik zunehmend zur globalen Strukturpolitik in transnationaler Kooperation. Strukturanpassungspolitik – Kredite und Entschuldung gegen neoliberale Auflagen – traten in den Vordergrund. Auf Projektebene fanden zunehmend aber auch die Forderungen nach Beteiligung der Zielgruppen an Planung und Entscheidung sowie die Unterstützung von Eigeninitiative („Hilfe zur Selbsthilfe", M 4) Gehör. Die **Millenniumserklärung** definiert die wichtigsten Handlungsfelder für die internationale Politik des 21. Jahrhunderts.

Official Development Assistance (ODA)
Leistung, die von öffentlichen Stellen stammt und den ökonomisch sich entwickelnden Staaten entweder direkt oder über internationale Organisationen zur Verfügung gestellt wird. Das Hauptziel der ODA ist die Förderung der ökonomischen und sozialen Entwicklung (Definition des Entwicklungshilfeausschusses der OECD (DAC))

Importsubstitution
Ersatz von Importgütern durch im Inland hergestellte Produkte

Millennium Development Goals (MDG)
Im Jahr 2000 von der UN-Vollversammlung festgelegte Entwicklungsziele für das Jahr 2015
- *Extreme Armut und Hunger beseitigen*
- *Grundschulausbildung für alle Kinder gewährleisten*
- *Gleichstellung und größeren Einfluss der Frauen fördern*
- *Kindersterblichkeit senken*
- *Gesundheit der Mütter verbessern*
- *HIV/Aids, Malaria und andere Krankheiten bekämpfen*
- *Eine nachhaltige Umwelt gewährleisten*
- *Eine globale Partnerschaft im Dienst der Entwicklung schaffen*

***Entwicklungshilfe** (aus Schubert/Klein: Das Politiklexikon (2011)*
Sammelbegriff für verschiedene Formen der Unterstützung und Förderung der sog. Entwicklungsländer durch private und staatliche, nationale und internationale Organisationen der Industrieländer in Form von:
a) technischer Hilfe und Zusammenarbeit (Beratung, Bildung etc.),
b) Güterhilfe (Investitionsgüter, Nahrung etc.),
c) Kapitalhilfe (z. B. Kredite) und
d) handelspolitischer Zusammenarbeit (Stabilisierung von Preisen, Abbau von Zöllen etc.).
Entwicklungshilfe ist in der Regel mit bestimmten (politischen) Auflagen verbunden und hat generell das Ziel, die begünstigten Länder in die Lage zu versetzen, auf lange Sicht auf Entwicklungshilfe verzichten zu können (Hilfe zur Selbsthilfe).

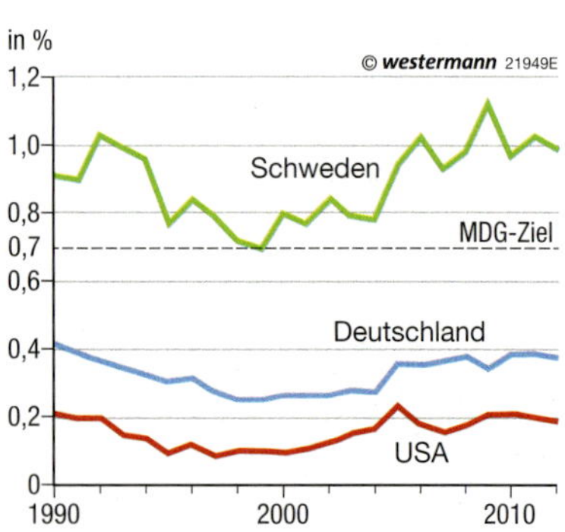

M 1: Entwicklung der ODA-Quote (ODA/BNE) im Vergleich zur 0,7%-Forderung der UN

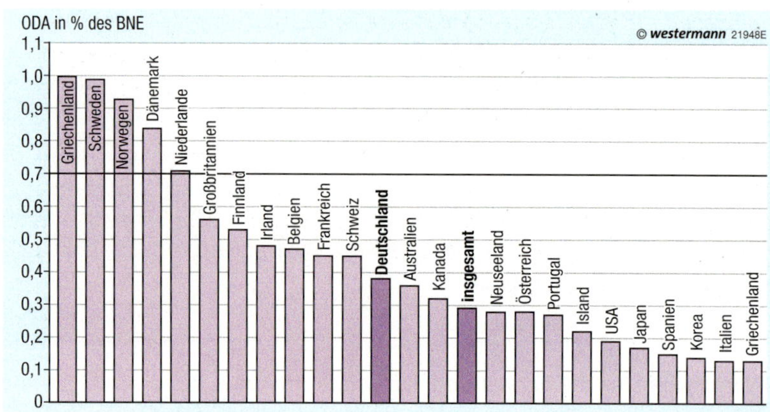

M 2: ODA-Quote der DAC-Länder 2012

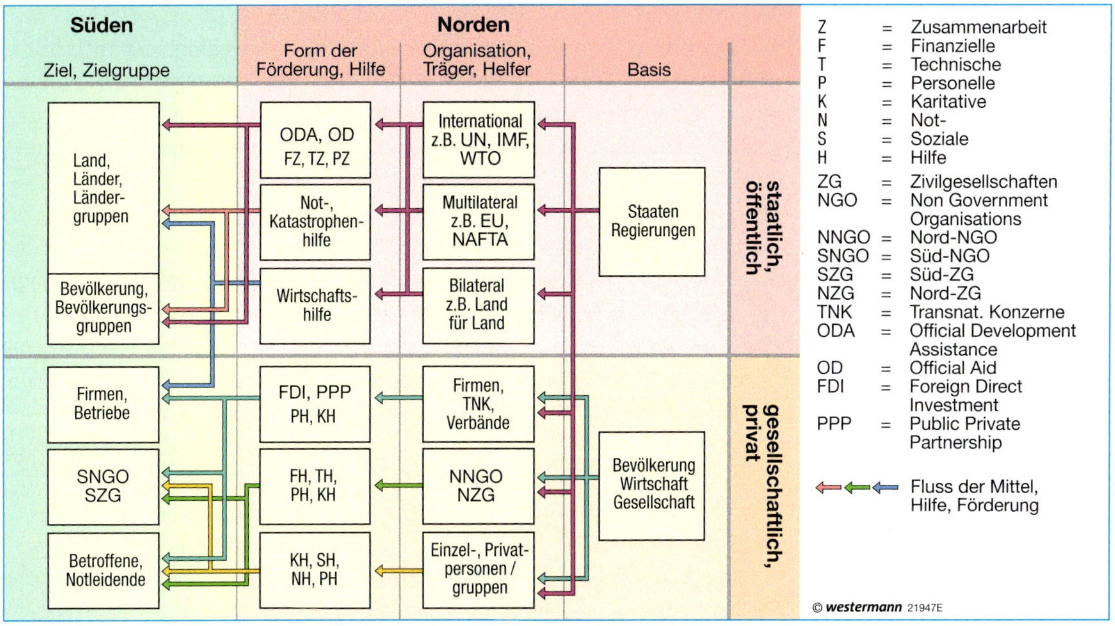

M3: Übersicht über die Organisationen, Träger, Formen und Ziele der Entwicklungszusammenarbeit

M4: Quellentext zu einem Entwicklungshilfeprojekt in Sierra Leone

Müllverwertung in Sierra Leone. www.welthungerhilfe.de

»

Bo City versinkt im Müll. Die 200 000-Einwohner-Stadt in Sierra Leone ist den Auswirkungen der Verstädterung nicht gewachsen. (...) In Zusammenarbeit mit der Stadtverwaltung sagt die Welthungerhilfe dem Müll den Kampf an: Im Rahmen der Initiative „Klin Bo Services" bilden sie 60 Jugendliche zu Müllsammlern aus. Die Azubis erfahren hier, wie Müll getrennt und an welchen Stellen er gesammelt werden muss. Für ihre Arbeit werden die Müllsammler mit motorisierten Dreirädern ausgestattet. Per Roller geht`s dann los auf Tour – entlang der Hauptstraßen bis hin in entlegene Stadtteile, wo die Müllabfuhr nicht hinkommt. (...) Ein gutes Geschäft für beide Seiten: Die Kunden werden ihren Müll los, die Jugendlichen, die für „Klin Bo Services" tätig sind, entgehen der weit verbreiteten Arbeitslosigkeit und verdienen eigenes Geld.

«

„Darüber hinaus werden Kleinunternehmer dabei unterstützt, aus Müll neue vermarktbare Produkte zu schaffen: Alte Reifen werden zu Schuhen, Sägespäne zu Briketts, Plastikabfälle zu modernen Handtaschen und eingeschmolzene Aluminiumdosen zu Töpfen, Kleiderbügeln oder Aschenbechern."
Raphael Thurn, Welthungerhilfe

M5: Quellentext zu einem GIZ-Projekt in Gabun

Schibel:, Y.: Von Äthiopien nach Gabun. GIZ Newsletter 1/2013

»

53 Kilometer Asphalt und eine 55 Meter lange Betonbrücke: die neue Verkehrsanbindung an das nationale Straßennetz wird das abgelegene Departement Ndougou im Südwesten Gabuns aus der Isolierung führen. Derzeit ist die Region mit 13 000 Einwohnern für den Personen- und Warenverkehr auf unregelmäßige Flug- und gelegentliche Schiffsverbindungen angewiesen. Die Strasse, die in den kommenden zwei Jahren entstehen soll, wird nicht nur die Versorgungslage verbessern, sondern auch neue Perspektiven für Landwirtschaft, Fischerei sowie für einen kontrollierten Öko-Tourismus eröffnen. Das Projekt(...) wird mit 26 Mio. Euro von der gabunischen Regierung und Shell Gabun finanziert. GIZ IS wurde im September 2012 mit der Umsetzung beauftragt.

«

„Um einen nachhaltigen Effekt zu erzielen, gehen wir nach bewährter Manier vor. Die Arbeiten werden soweit wie möglich kleine und mittelgroße örtliche Unternehmen ausführen."
Alan Walsch, GIZ IS
Regionaldirektor Afrika

1 **Beschreiben sie die Organisationen, Träger, Formen und Ziele der Entwicklungszusammenarbeit (M 3).**
2 **Vergleichen Sie die beiden in M 4 und M 5 vorgestellten Entwicklungsprojekte.**

D1-250 www.diercke.de

3.7 Kritik an der Entwicklungszusammenarbeit

Die Kritik an der Entwicklungszusammenarbeit ist so alt wie sie selbst. Die Argumente gegen Entwicklungshilfe beziehen sich sowohl auf die Geber- als auch auf die Nehmerseite. Einige argumentieren, dass die Erwartungen an die Entwicklungshilfe derart hoch seien, dass diese mit den ihr zur Verfügung stehenden Mitteln gar nicht erreicht werden könnten.

Immer mehr Afrikaner fordern ein Ende der Entwicklungshilfezahlungen mit der Begründung, sie fördere Korruption und Klientelismus, schwäche den Handel und unterminiere Eigenanstrengung und Innovation. Als weitere Begründungen dafür, dass viele Jahre die Entwicklungszusammenarbeit nicht die erwünschten Erfolge zeitigte, werden auch schlechte Planungen und falsche Schwerpunktsetzung der Helfernationen, unzureichende Koordination der Hilfe vor Ort sowie Behördenwillkür und Korruption in den Empfängerländern genannt.

M1: Quellentext zur Entwicklungspolitik
Nuscheler, F.: Lern- und Arbeitsbuch Entwicklungspolitik (2012)

»

Die Bankrotterklärungen beruhten auch darauf, dass sie die Möglichkeiten der Entwicklungspolitik geradezu grotesk überforderten. Sie soll (...) gigantische Weltprobleme lösen oder zumindest entschärfen:

- *das Armutsproblem als entwicklungspolitisches Schlüsselproblem entschärfen, konkreter: schon bis zum Jahr 2015 Millennium-Entwicklungsziele verwirklichen;*
- *durch die Armutsbekämpfung auch das Problem des häufig als »Zeitbombe« horrifizierten Bevölkerungswachstums entschärfen, weil es einen kausalen Zusammenhang zwischen Armut und hohen Geburtenraten gibt;*
- *weltweit als präventive Sicherheitspolitik den Frieden sichern und der Brutalisierung von Verteilungskonflikten um verknappende Ressourcen (Land, Wasser, Energie) vorbeugen;*
- *den Planeten vor dem ökologischen Kollaps bewahren, den globalen Klimaschutz organisieren und finanzieren und einer »globalen nachhaltigen Entwicklung« zum Durchbruch verhelfen;*
- *die Wohlstandsinseln vor Elends- und Umweltflüchtlingen aus den Armuts- und Krisenregionen und vom Überschwappen allen möglichen Unheils schützen;*
- *weltweit der Marktwirtschaft, der Demokratie und den Menschenrechten Schützenhilfe leisten. (...)*

Die gesamten ODA-Mittel beliefen sich je nach Berechnung seit einem halben Jahrhundert auf 1,7 bis 2,4 Billionen US-$. Auf eine ähnliche Größenordnung beliefen sich auch die innerdeutschen West-Ost-Transferleistungen. (...) Die überzogenen Erwartungen beruhen auch auf dem grundsätzlichen Irrtum, dass Entwicklung durch Kapitalspritzen von außen und/oder durch hochbezahlte Entwicklungsexperten herbeigeführt werden könne.

«

Generelle Ziele der bisherigen deutschen Entwicklungspolitik

- *Armutsbekämpfung*
- *Ernährungssicherung*
- *Gesundheitsförderung*
- *Bildungsförderung*
- *Infrastrukturausbau*
- *Wirtschaftsförderung*
- *Bewahrung von Umwelt und Ressourcen*
- *Geschlechtergleichberechtigung*
- *Good Governance*
- *Förderung von Menschenrechten*
- *Entschuldung*
- *Friedenssicherung, Terrorprävention*
- *Ökologische Nachhaltigkeit*

M2: Entwicklung der Entwicklungshilfe (ODA) und der Ausländischen Direktinvestitionen (ADI) in Subsahara-Afrika (inflationsbereinigt)

		1970	1980	1990	2000	2006	2012
ODA	(in Mrd. US-$)	8,3	19,1	29,4	21,2	48,3	47,4
	pro Kopf (in US-$)	4,03	19,04	35,17	19,59	53,03	50,74
	Anteil BNE (in %)	1,8	2,9	6,0	4,0	5,7	3,2
	Anteil Welt (in %)	17,2	22,4	29,4	22,6	38,5	34,8
ADI	(in Mrd. US-$)	0,8	0,3	1,7	6,8	16,9	41,0
	pro Kopf (in US-$	2,82	0,66	3,22	10,12	21,82	46,18
	Anteil BIP (in %)	1,2	0,1	0,5	1,9	3,3	3,0
	Anteil Welt (in %)	6,2	0,5	1,7	0,5	1,5	3,0

»
Unsere Zusammenarbeit mit afrikanischen Staaten, Organisationen und Menschen beruht auf dem Grundsatz der Eigenverantwortung. Afrika kann und will sich selbst helfen. Wir können und wollen dabei unterstützen. Deshalb fördert das BMZ wo immer möglich afrikanische Eigenanstrengungen, wie zum Beispiel die afrikanischen Friedensmissionen oder das afrikanische Entwicklungsprogramm für die Landwirtschaft. Außerdem unterstützt das BMZ afrikanische Initiativen der Afrikanischen Union und ihrer Regionalorganisationen zur kontinentalen und regionalen Zusammenarbeit. Um Wirksamkeit und Ergebnisorientierung zu steigern, wird das BMZ seine finanzielle Unterstützung in Zukunft stärker an das Vorliegen von vorab vereinbarten Ergebnissen knüpfen. «

M3: Quellentext zu der Entwicklungspolitik in Afrika des Bundministeriums für wirtschaftliche Zusammenarbeit und Entwicklung (BMZ)
Die neue Afrika-Politik des BMZ – Afrika auf dem Weg vom Krisen- zum Chancenkontinent. 21.5.2014

» *Wann hören wir endlich auf Afrikaner wie den südafrikanischen Wirtschaftswissenschaftler Themba Sono? Er sagt: „Die afrikanischen Länder haben bisher stets eine Politik der Sammelbüchse betrieben und immer nur gebettelt: mehr Hilfe, mehr Hilfe, mehr Hilfe. Genau das muss sich ändern, kann sich aber nicht ändern, solange die großen Länder selbst die Bedeutung der Entwicklungshilfe betonen." Und wir müssen uns eines Tages fragen lassen, warum wir wider besseres Wissen die korrupten alten Männer, die teils jahrzehntelang Macht und Kontrolle über die Bevölkerungen hatten, so lange unterstützt haben."*

Volker Seitz, deutscher Diplomat (2013)

» *Ich bin dagegen, jedes Jahr Milliarden Dollar in Form von Billigkrediten oder Budgethilfe nach Afrika zu pumpen. Dieses Geld lässt die Menschen gar nicht erst produktiv werden. Seit Jahrzehnten zahlt der Westen zuverlässig Hilfe. Doch die Armut hat sogar zugenommen, (...) weil die Hilfe kaum an Auflagen gebunden war. Die Geberländer lassen es zu, dass Afrikas Führer dieses Geld in die Schweiz schaffen und später damit auf den Champs-Elysées shoppen gehen."*

Dambisa Moyo, *Ökonomin aus Sambia und Autorin des Buches „Dead Aid - Warum Entwicklungshilfe nicht funktioniert und was Afrika besser machen kann (2011)*

» *Kritiker haben recht, wenn sie behaupten, dass es keine Beweise dafür gibt, dass Entwicklungshilfe dem Wirtschaftswachstum hilft. Aber das könnte man über fast alle andere Faktoren in der Wirtschaft sagen. Man weiß nie genau, welche Investitionen das Wirtschaftswachstum ankurbeln, besonders kurzfristig gesehen. Wir wissen allerdings, dass Entwicklungshilfe, die medizinische Versorgung, die Landwirtschaft und die Infrastruktur verbessert und langfristig gesehen ein wirtschaftliches Wachstum auslöst. Gesundheitshilfe rettet Leben und hilft Kindern bei ihrer seelischen und körperlichen Entwicklung. Diese Investitionen werden innerhalb einer Generation Früchte tragen."*

Bill Gates, *Unternehmer und Vorsitzender der größten privaten Stiftung, die u.a. Gesundheitsprojekte in Afrika finanziert (2014)*

» *Erst wenn eine Grundversorgung an Infrastruktur (Straßen, Elektrizität und Häfen) und Humankapital (Gesundheit und Bildung) vorhanden ist, wirken Märkte als starke Triebkräfte der Entwicklung. Ohne diese Vorbedingungen können Märkte in grausamer Weise große Teile der Welt übergehen und dauerhaft verarmt zurücklassen. Kollektives Handeln – durch Schaffung der genannten Vorbedingungen seitens der Regierung sowie notfalls finanzielle Hilfe von außen – untermauert wirtschaftlichen Erfolg."*

Jeffrey Sachs, *US-amerikanischer Ökonom und Autor des Buches „Das Ende der Armut" (2005)*

1 **Fassen Sie die Argumente für und gegen die Entwicklungszusammenarbeit zusammen.**
2 **Vergleichen Sie die Entwicklung der Entwicklungshilfe (ODA) und Ausländischer Direktinvestitionen (ADI).**
3 **„ADI sind hilfreicher für die Staaten Subsahara-Afrikas als ODA." Nehmen Sie Stellung zu dieser These.**

		2002	2007	2012
Mobilfunkverträge (pro 100 Ew., in %)	SSA	5,0	23,2	59,3
	Kenia	3,6	30,1	71,2
	Südafrika	29,7	85,3	130,5
	Deutschl.	70,7	115,1	111,6
Internetnutzer (pro 100 Ew., in %)	SSA	0,9	3,8	14,8
	Kenia	1,2	8,0	32,1
	Südafrika	6,7	7,6	41,0
	Deutschl.	48,8	75,2	84,0

M1: Mobilfunkverträge und Internetnutzer 2002 - 2012

„M-Pesa ist ein guter Beweis, dass die Leute mobil bezahlen, wenn es einfach und schnell geht. Und um M-Pesa herum entstehen weitere Finanzdienstleistungen, wie Anlage- und Kreditangebote. Das liegt natürlich auch an der schlechten Versorgung mit Bankstellen in Afrika. Aber gerade dadurch ist eine spannende Infrastruktur darum herum entstanden. Davon sind wir in Deutschland noch ein ganzes Stück entfernt."

Dirk Elsner, deutscher Wirtschafts- und Finanzblogger

Bei Innovationen wie Mobile Payment oder der Einrichtung von sogenannten Peace Parks kehrt sich das übliche Verhältnis um, und auch die westliche Welt kann einmal von Afrika lernen.

M-Pesa: „mobiles Geld" per Handy

Kenia gehört zu den ärmsten Staaten der Welt. Dennoch oder vielleicht deshalb hat sich dort die Zahlungsabwicklung per Mobiltelefon in einer rasanten Geschwindigkeit durchgesetzt. Nur 15 Prozent der Erwachsenen besitzen ein Bankkonto, aber über 70 Prozent der Kenianer ein Handy. Darauf und auf den unkomplizierten Service der Netzbetreiber ist das Anwachsen der M-Pesa-Nutzer (pesa = Geld) auf über 26 Mio. in nur sieben Jahren zurückzuführen. Das System funktioniert einfach und zweckmäßig: zunächst muss sich der Kunde bei M-Pesa registrieren lassen, daraufhin bekommt er eine Nummer und ein Passwort und verfügt so über ein Konto. Das Konto kann bei einem der etwa 62 000 Agenten (Shops, Tankstellen, Supermärkte, Poststellen etc.), aufgefüllt werden oder es kann Geld abgehoben werden. Der große Vorteil ist, dass per Handy Überweisungen vorgenommen und die Gelder dezentral abgerufen werden können. So ersparen sich etwa viele Wanderarbeiter die zeit- und kostenintensive Heimreise, um Unterstützungsgelder bei ihren Familien abzuliefern, die oft in abgelegenen ländlichen Räumen leben. Aber auch Handwerker-, Gas- und Stromrechnungen können so bezahlt werden. Mittlerweile werden über diesen Weg auch Mikrokredite vermittelt und ausgezahlt. Das kenianische Modell wurde mittlerweile auf diverse andere Länder auch außerhalb Afrikas übertragen. Die breite Akzeptanz als Zahlungsmittel verdankt M-Pesa seinem ökonomischen und sozialen Mehrwert. An den Banken vorbei hat sich so eine Zahlungsverkehr- und Kreditlandschaft entwickelt, in der Mobilfunkanbieter die Mängel des örtlichen Bankenwesens ausgleichen.

M2: Quellentext zu Mobilfunknutzung in Kenia
Knaup, H.: Afrika: Kenia erlebt ein Handy-Wirtschaftswunder. Der Spiegel 10.1.2010

Handys sind relativ preiswert in Afrika. Das günstigste Mobiltelefon kann man schon für weniger als zehn US-Dollar erwerben. Es werden vor allem Prepaid-Verträge abgeschlossen.

»

Afrika, das zeigen alle Statistiken, hat den am schnellsten wachsenden Handy-Markt der Welt. Dafür sorgen nicht preiswerte Endgeräte oder ein rasant steigender Wohlstand. Der Grund ist ein anderer: Nirgendwo ist das Handy so vielfältig einsetzbar und hat sich als Teil der Alltagskultur etabliert wie gerade in Ostafrika. Natürlich, Handys sind überall unverzichtbarer Bestandteil der Kommunikation. Doch sie haben inzwischen auch erhebliche ökonomische Auswirkungen. Zehn Prozent mehr Handys für die Gesamtbevölkerung, so hat eine Untersuchung an der London Business School ergeben, steigern das Wachstum in Entwicklungsländern um 0,6 Prozent.

«

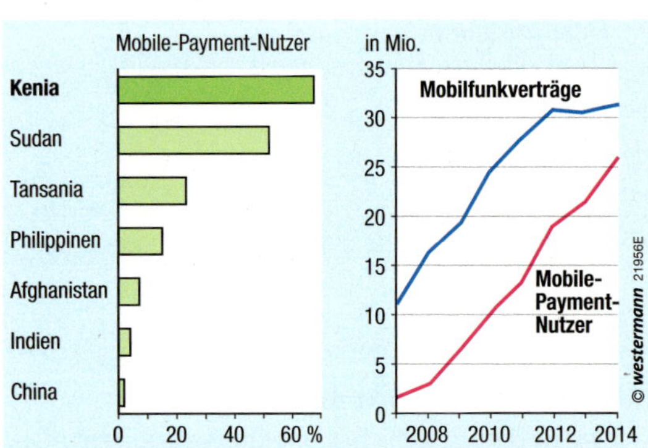

M3: Nutzung und Entwicklung von Mobile Payment

M4: M-Pesa-Agentur in Kenia

Peace Parks: Grenzübergreifende Schutzgebiete für Mensch und Umwelt

Mit der Gründung der Peace Park Foundation 1997 wurde im Südlichen Afrika ein altes Konzept aufgegriffen, bei dem mit grenzübergreifenden Schutzgebieten nicht nur Natur und Kultur bewahrt, sondern auch eine friedliche Kooperation zwischen benachbarten Staaten entwickelt und gesichert werden sollen. Bereits vier Parks existieren, eine Reihe weitere sind in Planung (M6). So entstand nach dem Peace-Park-Konzept mit fast 300 000 Quadratkilometern das größte Naturschutzgebiet Afrikas: die Kavango-Zambezi Transfrontier Conservation Area (KaZa), an dem Angola, Sambia, Simbabwe, Botsuana und Namibia Anteil haben.

In den Parks sollen sich Tiere und Menschen frei bewegen. Wildtiere können ihre traditionellen Wanderungen wieder aufnehmen und die dort lebenden Menschen erhalten Zugang zu Anbaugebieten und Trinkwasser. So lassen sich zumindest ansatzweise die Folgen der kolonialen Grenzziehungen lindern. Grenzen laufen nicht mehr durch das Parkgebiet hindurch, sondern um das Gebiet herum. Schließlich sollen die Parks zur Völkerverständigung beitragen und die Kooperation zwischen den Staaten fördern. Im Gegensatz zu den oft nicht zugänglichen konventionellen Nationalparks, bei denen nicht selten Bewohner enteignet und umgesiedelt wurden, will das Peace-Parks-Konzept die Bevölkerung stärker mit einbeziehen und auch an den Profiten – etwa aus dem Tourismus – beteiligen, sodass eine stärkere Identifikation mit dem Schutzgedanken entsteht. Die Begegnung von Menschen unterschiedlicher Nationalität auf Mikroebene sowie die gemeinsame Verantwortlichkeit vieler Staaten für ein Gebiet können zu Stabilität und Verständigung in der Region führen. Die nächsten Jahre müssen zeigen, ob das Konzept für Mensch und Umwelt tragfähig ist.

„Ich kenne keine politische Bewegung, keine Philosophie und keine Ideologie, die das Peace-Parks-Konzept nicht begrüßen würde. Es ist ein Konzept bei dem sich alle die Hände reichen können. In einer Welt, die von Konflikten und Spaltung heimgesucht wird, ist Frieden ein Eckstein der Zukunft. Die Peace-Parks sind ein Gebäudeblock in diesem Prozess, nicht nur in unserer Region, sondern in der ganzen Welt."

Nelson Mandela, Mitbegründer der Peace Park Foundation

M5: KaZa-Park

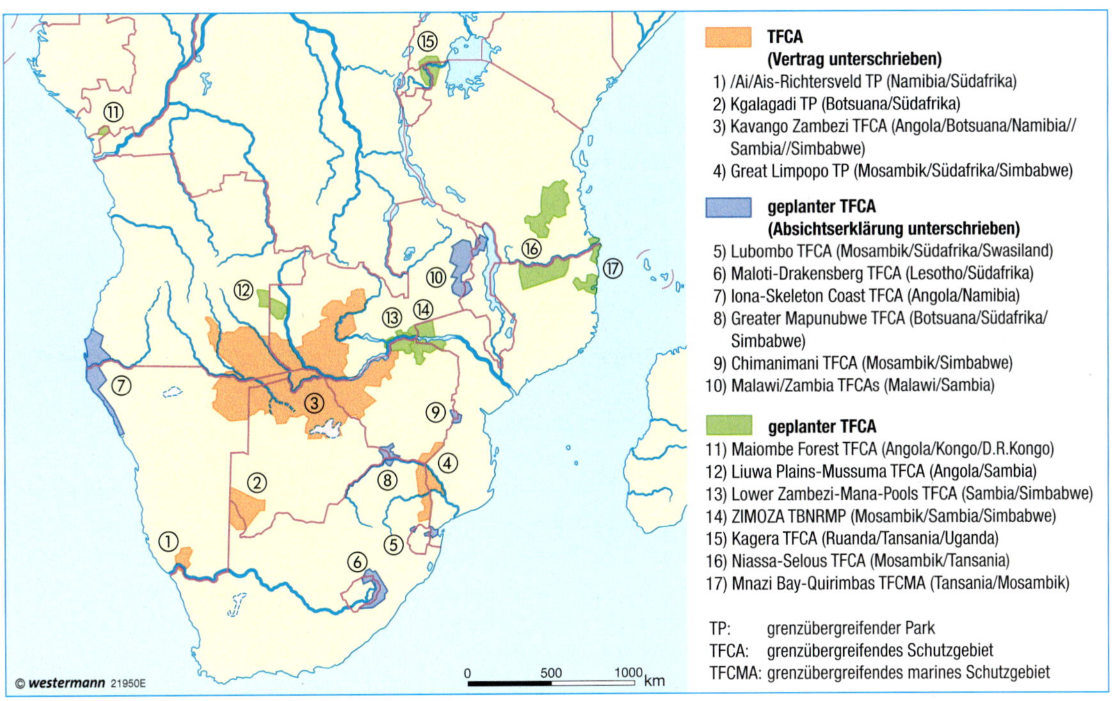

M6: Peace Parks im Südlichen Afrika

1 **Erläutern Sie die Erfolgsfaktoren von M-Pesa in Kenia.**
2 **Beurteilen Sie die Umsetzbarkeit der Ziele der Peace Parks.**

Wirtschaft: Potenziale und Konflikte

Wirtschaftsaufschwung in Subsahara-Afrika?

Afrika südlich der Sahara verfügt über eine ganze Reihe guter Voraussetzungen für ein nachhaltiges Wirtschaftswachstum: Rohstoffreichtum, eine hohe Anzahl junger Arbeitskräfte, steigende Rücküberweisungen internationaler Migranten zur Investition in ihren Heimatländern und ein Anstieg von Ausländischen Direktinvestitionen. Auch für den internationalen Tourismus besitzt Subsahara-Afrika ein hohes Potenzial. Auf der anderen Seite stehen allerdings eine ganze Reihe von Risiken und Gefahren wie die Unwägbarkeiten der Rohstoffnachfrage, die Preisentwicklungen auf dem Weltmarkt, die niedrige Arbeitsproduktivität und die geringe Diversifizierung der einzelnen Volkswirtschaften. Die wichtigsten Hemmnisse der Wirtschaftsentwicklung liegen in der schlecht ausgebauten Infrastruktur, der politischen Instabilität sowie Korruption und Bürokratismus. Auch der kaum vorhandene afrikanische Binnenmarkt stellt ein Wirtschaftshemmnis dar. So spielen die subsaharischen Länder – mit Ausnahme von Südafrika – in der globalisierten Wirtschaft weiterhin nur eine untergeordnete Rolle.

Rohstoffe – Fluch oder Segen?

Mineralische Rohstoffe sind nach wie vor die wichtigsten Exportgüter Subsahara-Afrikas. Oft wird der Ressourcenreichtum der Länder Afrikas in Zusammenhang mit schwacher Staatlichkeit als Ressourcenfluch und als ein Hauptgrund für die Konflikte innerhalb der Staaten angesehen. Insbesondere in den Erdölstaaten partizipiert die Bevölkerung kaum an den Einnahmen, im Gegenteil waren vielfach die Verarmung von Bauern und Fischern und die Vergiftung der Umwelt die Folgen des Erdöl-Booms. China intensivierte im letzten Jahrzehnt massiv seine Beziehungen zu Subsahara-Afrika und investierte in große Infrastrukturprojekte, da es ein großes Interesse an Afrikas Ressourcen, insbesondere dem Öl, hat.

Entwicklungszusammenarbeit

Ein Drittel der heutigen Leistungen der internationalen öffentlichen Entwicklungszusammenarbeit geht nach Subsahara-Afrika. Die Kritik an der Entwicklungszusammenarbeit ist vielfältig. Immer mehr Afrikaner fordern ein Ende der Entwicklungshilfezahlungen, mit der Begründung, sie fördere Korruption und Klientelismus, schwäche den Handel und unterminiere Eigenanstrengung und Innovation. Außerdem werden die Möglichkeiten der Entwicklungspolitik bei weitem überschätzt, wenn man von ihr erwartet, dass sie die wesentlichen Probleme der Menschheit lösen soll. Auf der anderen Seite kommen zunehmend Innovationen und Impulse aus Afrika selbst.

Aufgaben

1. **Erläutern Sie die Bedeutung Subsahara-Afrikas in der globalisierten Weltwirtschaft.**
2. **Analysieren Sie die Entwicklungsunterschiede zwischen den erdölexportierenden und den nicht-erdölexportierenden Ländern im subsaharischen Afrika.**
3. **Erörtern Sie die vergleichsweise niedrigen Ausländischen Direktinvestitionen in Subsahara-Afrika.**
4. **„Tourismus könnte für einige Staaten Subsahara-Afrika einen Entwicklungsfaktor darstellen." Beurteilen Sie diese Aussage.**
5. **Eine Forderung der MDGs war, dass die OECD-Staaten den Anteil der ODA-Mittel bis 2015 auf 0,7 Prozent ihres Bruttonationaleinkommen erhöhen. Nehmen Sie in diesem Zusammenhang Stellung zur deutschen Entwicklungspolitik (M 1, S. 68).**
6. **Beurteilen Sie die Erfolgschancen eines Mobile Payment-Angebots wie M-Pesa in Europa.**

Internetlinks

The World Bank: World Development Indicators
data.worldbank.org/data-catalog/world-development-indicators

United Nations Conference of Trade and Development
www.unctad.de

Bundesministerium für wirtschaftliche Zusammenarbeit und Entwicklung
www.bmz.de

Deutsche Gesellschaft für Internationale Zusammenarbeit
www.giz.de

4

Bevölkerung: jung, dynamisch, verwundbar

Schon heute ist Afrika der jüngste Kontinent der Erde, die Hälfte seiner Bevölkerung ist unter 18 Jahren. Investitionen in Bildung und Ausbildung dieser Jugend genießen in den meisten Staaten Subsahara-Afrikas hohe Priorität. Das besonders in den Städten häufig erfolgreiche Bemühen, den jungen Menschen einen Weg aus der Armut und eine berufliche Zukunft zu bieten, erfährt allerdings auch vielerlei Rückschläge. So sind von der AIDS-Pandemie vorwiegend die ökonomisch aktiven und zum Teil auch gut ausgebildeten Menschen betroffen, sodass Bildungsinvestitionen durch den frühen Tod dieser Menschen nicht selten zunichte gemacht werden und wichtiges Know-how verloren geht. Zudem werden sich die Staaten Afrikas in Zukunft noch stärker darum bemühen müssen, ihre gut ausgebildeten Fachkräfte zu halten, da schon jetzt viele Hochqualifizierte ihren Heimatländern den Rücken kehren, um in Europa oder den USA ihr Glück zu suchen.

Die Länder Subsahara-Afrikas haben eine junge und wachsende Bevölkerung. Der zu beobachtende Rückgang der Fertilität kann durch die Veränderung der Bevölkerungsstruktur allerdings zum Entwicklungsfaktor werden.

Fertilitätsrate
(Total Fertility Rate) Die Kennzahl gibt an, wie viele Kinder eine Frau (15 bis 45 Jahre) im Laufe ihres Lebens bekommen würde, wenn die für den gegebenen Zeitpunkt maßgeblichen Fruchtbarkeitsverhältnisse der betrachteten Population als konstant angenommen werden. Das Erhaltungsniveau beträgt 2,1 Kinder je Frau.

Afrika südlich der Sahara, die am wenigsten entwickelte Großregion der Welt, besitzt auch das höchste Bevölkerungswachstum weltweit. Der entscheidende Faktor hierbei ist die Fertilität. Diese ist von einer ganzen Reihe sehr unterschiedlicher Faktoren abhängig. Man unterscheidet zwischen unmittelbaren Determinanten (etwa der Gebrauch von Kontrazeptiva, Abtreibungen, Fehlgeburten) und mittelbaren Determinanten, das heißt Faktoren, die zur Veränderung des generativen Verhaltens führen. Hierzu gehören zum Beispiel Bildung und Status, ökonomische Faktoren wie Einkommen, Berufstätigkeit und der Beitrag von Kinderarbeit zum Haushaltseinkommen ebenso wie kulturelle und religiöse Haltungen, die politische Situation und das Lebensumfeld (z.B. Stadt oder Land).

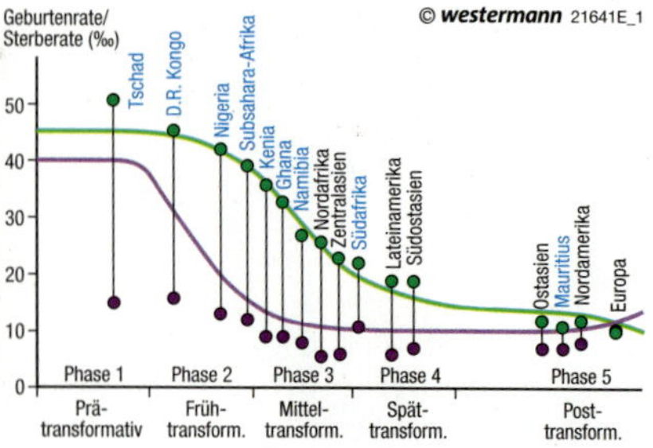

M1: Modell des demographischen Übergangs

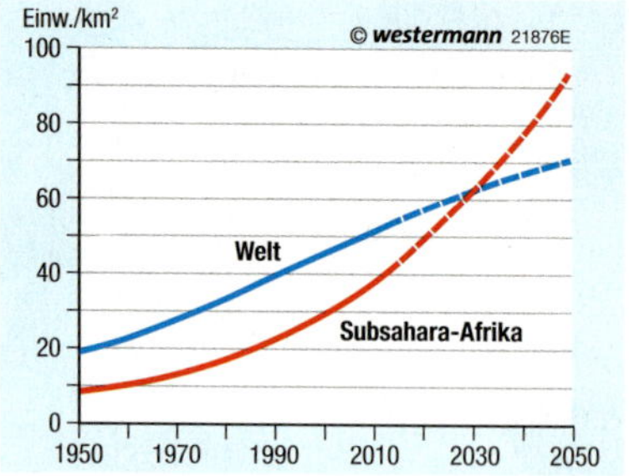

M2: Bevölkerungsdichte 1950 - 2050

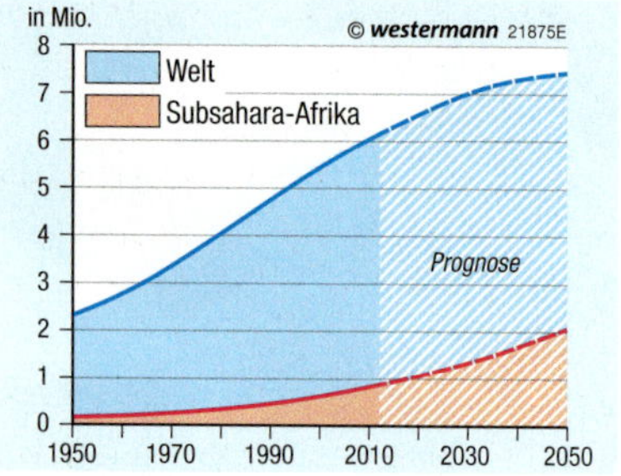

M3: Bevölkerungsentwicklung

	Bevölkerung (in Mio.)		Bevölkerungsdichte (in Ew./km²)	Geburten-/ Sterberate (in %)	Nettomigrationsrate (pro 1000 Ew.)	Natürliche Wachstumsrate (in %)	Zusammengefasste Geburtenziffer (TFR)	Lebenserwartung bei Geburt (M/F, in Jahren)	Bevölkerung <15 Jahre (in %)	Säuglingssterblichkeit (in %)	
	2013	2050								1990	2012
Westafrika	331,0	812,0	54	4,1 / 1,3	-1	2,7	5,7	53 / 55	44	k.A.	8,2
Ghana	26,1	46,0	109	3,3 / 0,9	-0	2,4	4,2	60 / 62	39	8,0	4,9
Mali	15,5	37,2	12	4,6 / 1,5	-3	3,1	6,1	52 / 56	48	13,0	8,0
Niger	16,9	65,8	13	5,0 / 1,2	0	3,8	7,6	57 / 58	50	13,7	6,3
Nigeria	173,6	440,4	189	4,2 / 1,3	-0	2,8	6,0	51 / 52	44	12,6	7,8
Ostafrika	362,0	872,0	52	3,8 / 1,0	0	2,9	5,1	58 / 60	44	k.A.	5,8
Äthiopien	89,2	177,8	81	3,4 / 0,8	-0	2,6	4,8	61 / 64	43	12,1	4,7
Kenia	44,2	96,8	76	3,6 / 0,9	-0	2,7	4,5	59 / 62	44	6,4	4,9
Mosambik	24,3	63,3	30	4,4 / 1,5	-0	3,0	5,9	49 / 50	45	15,5	6,3
Tansania	49,1	129,1	52	4,0 / 0,9	-1	3,1	5,4	59 / 61	45	10,1	3,8
Zentralafrika	138,0	356,0	21	4,4 / 1,5	-0	3,0	6,1	49 / 52	45	k.A.	10,0
Angola	21,6	61,1	17	4,7 / 1,5	1	3,2	6,3	50 / 53	48	12,6	10,0
Äquatorialguinea	0,8	1,6	27	3,7 / 1,4	6	2,3	5,1	51 / 54	39	12,3	7,2
Kamerun	21,5	52,6	45	3,9 / 1,2	-1	2,7	5,1	53 / 54	43	8,4	6,1
D. R. Kongo	71,1	181,8	30	4,5 / 1,6	-0	2,9	6,3	48 / 51	45	11,2	10,0
Südliches Afrika	61,0	75,0	23	2,2 / 1,2	4	1,1	2,5	56 / 59	31	k.A.	4,6
Botsuana	1,9	2,6	3	2,4 / 1,7	2	0,7	2,7	47 / 46	34	3,8	4,1
Lesotho	2,2	3,0	74	2,8 / 1,6	-2	1,2	3,1	48 / 48	37	6,8	7,4
Südafrika	53,0	63,6	43	2,2 / 1,1	4	1,0	2,4	56 / 60	30	4,7	3,3
Subsahara-Afrika	926,0	2185,0	38	3,9 / 1,2	-0	2,7	5,2	55 / 57	43	10,7	6,4
Welt	7137,0	9727,0	52	2,0 / 0,8	-	1,2	2,5	68 / 73	26	6,3	4,0
Entwicklungsl.	4534	8416	71	2,5 / 0,7	-1	1,7	3,0	65 / 69	32	k.A.	4,4

M4: Demographische Kennzahlen 2013 (Säuglingssterblichkeit = Wahrscheinlichkeit, im ersten Lebensjahr zu sterben)

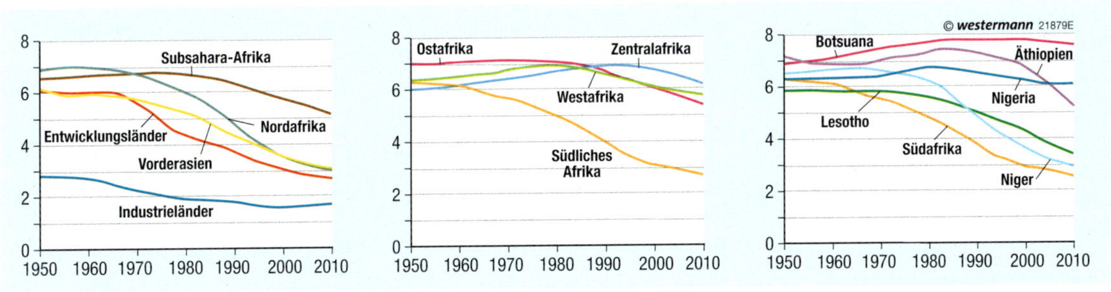

M5: Fertilitätsrate in Großregionen, afrikanischen Regionen und ausgewählten Ländern in Subsahara-Afrika

»

So deutlich wie kaum ein Präsident des Kontinents zuvor äußerte sich Nigerias Präsident Goodluck Jonathan (...). Die Bevölkerung seines Landes könnte bis zum Ende des Jahrhunderts von derzeit 160 Millionen auf 730 Millionen Bürger anwachsen, schätzen die Vereinten Nationen. Nigeria wäre dann die drittgrößte Nation hinter China und Indien, die beide über ein Vielfaches an Landmasse verfügen.

Nigerianer sollten „nur so viele Kinder bekommen, wie sie es sich leisten können", sagte Jonathan. Die Zeit für „Geburtenkontrollgesetze" sei womöglich reif. Der Präsident verwies auf die Entwicklung Chinas, das mit einer umstrittenen Ein-Kind-Gesetzgebung sein Bevölkerungswachstum seit Beginn der 60er-Jahre enorm gesenkt hatte. Paare in chinesischen Städten werden bei einer zweiten Geburt mit hohen Geldstrafen belegt.

Jonathan hat weniger drakonische Maßnahmen im Sinn, plant einen Ausbau des Sozialsystems für Eltern mit wenigen Kindern. Dennoch war der Aufschrei groß in Nigeria. Neben Politikern und Gemeindeführern kritisierten die muslimische und christliche Kirche den Vorschlag in seltener Eintracht: Das Problem sei nicht Überbevölkerung, sondern vielmehr die Unfähigkeit des Staates, die Erdöl-Erlöse gerecht zu verteilen.

«

M6: **Quellentext zur geplanten Bevölkerungspolitik in Nigeria**
Putsch, C.: Warum in Afrika die Bevölkerungszahlen explodieren. Die Welt 18.07.2012

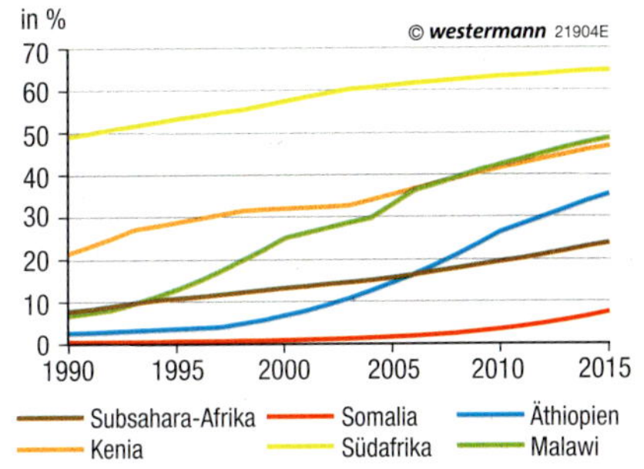

M7: **Entwicklung des Anteils verheirateter Frauen (15-49 Jahre), die moderne Verhütungsmethoden einsetzen**

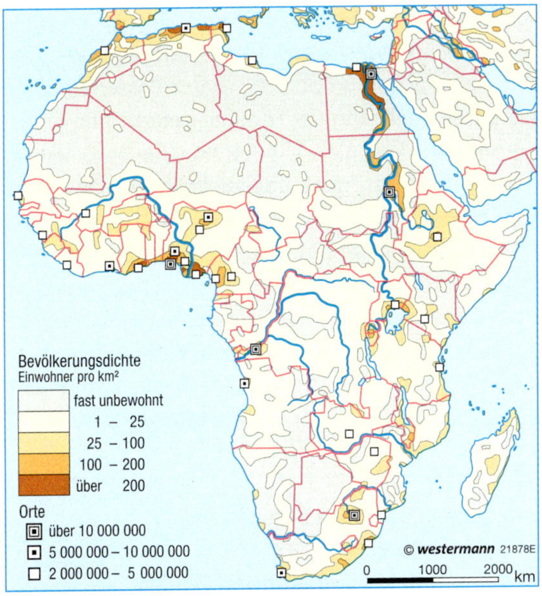

M8: Bevölkerungsdichte in Afrika

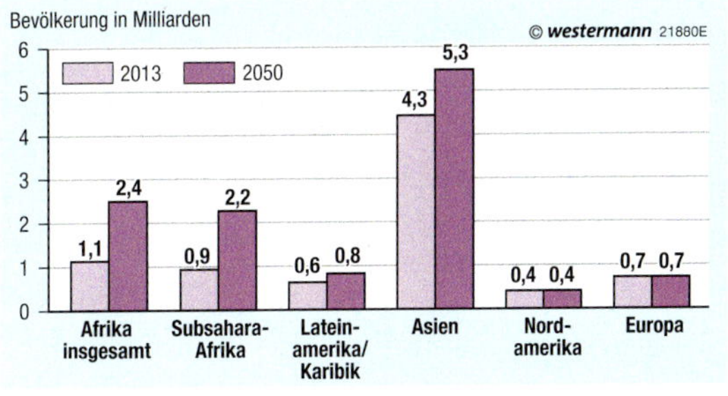

M9: Bevölkerungsentwicklung 2013 - 2050

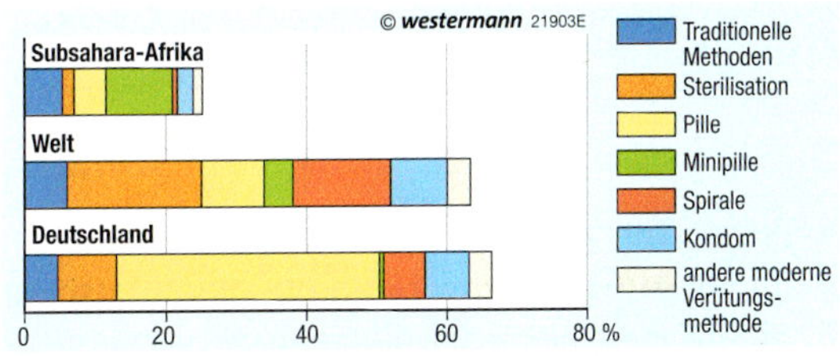

M10: Verhütungsmethoden verh. Frauen (15 - 49 J.) 2012

„Die Geburtenraten sinken nachweislich,

- *wenn Frauen in Familie und Gesellschaft mehr Mitsprachemöglichkeiten erhalten und sich ihnen Alternativen zur reinen Mutterrolle eröffnen,*
- *wenn Mädchen und Frauen einen ungehinderten Zugang zu Sexualaufklärung, Familienplanung und Verhütungsmitteln haben,*
- *wenn Mädchen und Frauen eine bessere Bildung erlangen. Insbesondere der Besuch einer weiterführenden Schule führt dazu, dass Frauen später Kinder bekommen und Familienplanung aktiver betreiben,*
- *wenn sich neue Lebensperspektiven ergeben, etwa durch einen Umzug vom Land in die Stadt, durch bessere Verdienstmöglichkeiten oder durch neue Familienbilder, die von den Medien transportiert werden,*
- *wenn die Kindersterblichkeit sich verringert. Denn Paare sind erst bereit, weniger Nachwuchs zu bekommen, wenn sich die Überlebenschance für jedes einzelne Kind erhöht."*

Berlin-Institut für Bevölkerung und Entwicklung (2011)

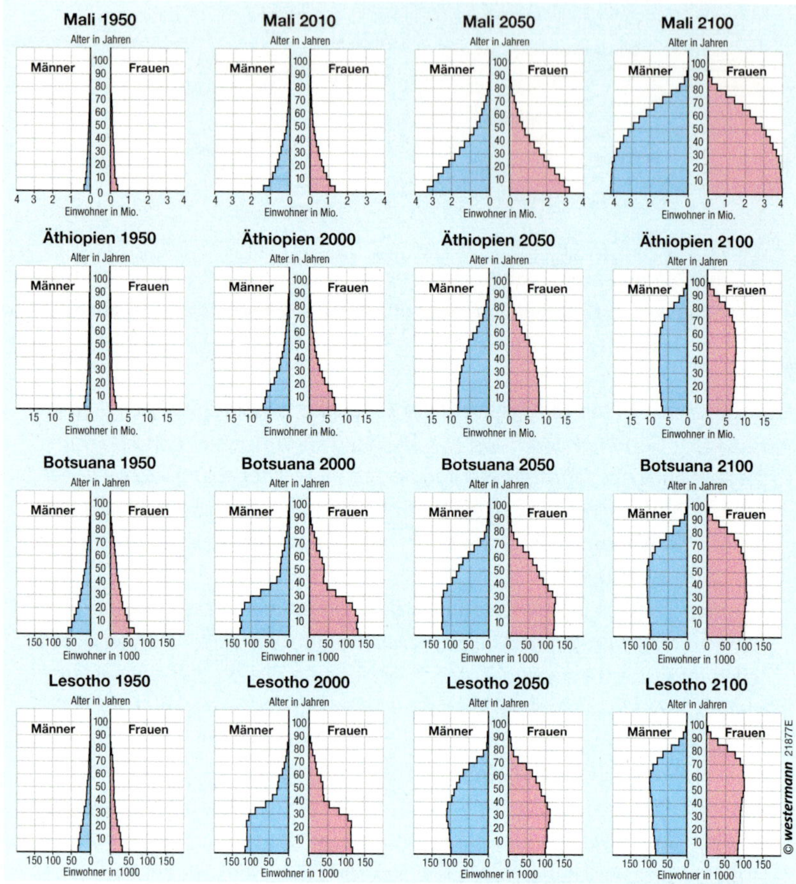

M 1: Altersstruktur 1950, 2010, 2050, 2100: Äthiopien, Lesotho, Mali und Botsuana

		Jahre		
		0-14	**15-64**	**>64**
2010	Lateinamerika	27,7	65,4	6,9
	Ostasien	19,2	71,3	9,5
	Europa	15,4	68,3	16,3
	Asien	26,2	67,1	6,7
	SSA	42,3	54,5	3,1
2050	Lateinamerika	17,0	63,5	19,5
	Ostasien	14,9	60,6	24,5
	Europa	15,0	57,6	27,4
	Asien	17,9	64,8	17,3
	SSA	28,4	65,6	5,9

M 2: Bevölkerungsanteil der jeweiligen Altersgruppen (in %; SSA = Subsahara-Afrika)

Afrika südlich der Sahara hat im weltweiten Vergleich die jüngste Bevölkerung. Von Politik und Wissenschaft werden diese Verhältnisse sehr ambivalent bewertet. Die Pessimisten sehen die Vorhersagen von Thomas Malthus (1766-1834) bereits in vollem Gange. Der englische Ökonom und Sozialphilosoph prophezeite, dass ein rapides und lang anhaltendes Bevölkerungswachstum alle Entwicklungsanstrengungen zunichte macht. Die optimistischeren Wissenschaftler sehen hingegen im beobachtbaren Rückgang der Fertilität gerade jetzt große Chancen, da sich durch den Fertilitätsrückgang die Altersstruktur der Bevölkerung verändert, das heißt, die prozentuale Anzahl der jungen Bevölkerung abnimmt und gleichzeitig der Anteil der alten Bevölkerung noch nicht ansteigt. Dadurch erhöht sich die Bevölkerung im arbeitsfähigen Alter. Das Zeitfenster zwischen Geburtenrückgang und Alterung kann so einen Entwicklungsschub auslösen, wie er zum Beispiel in Japan und später in China aufgetreten ist. Um diesen demographischen Bonus zu nutzen, muss allerdings massiv in Bildung investiert werden, um Afrika international konkurrenzfähig zu machen. Ebenso wichtig ist es, die lokalen Arbeitsmärkte auf die Aufnahme der Arbeitskräfte vorzubereiten.

1 **Fassen Sie die Ursachen des Bevölkerungswachstums in Subsahara-Afrika zusammen.**
2 **Erläutern Sie die Entwicklung der Fertilitätsraten in Subsahara-Afrika.**
3 **Vergleichen Sie die Bevölkerungsentwicklung und -struktur der in M 1 aufgeführten Länder.**
4 **Erörtern Sie die Auswirkungen des Bevölkerungswachstums und der Altersstruktur in Subsahara-Afrika.**

D1-132 www.diercke.de
D1-252 www.diercke.de

HIV/AIDS: Entwicklungskatastrophe für Afrika

In Afrika ist AIDS vor allem eine Krankheit der produktiven mittleren Altersklassen und der Kinder. Die Pandemie hat neben dem individuellen Leid auch massive gesamtgesellschaftliche Auswirkungen.

Im Jahr 2012 lebten nach UNAIDS Schätzungen etwa 25 Millionen Menschen mit dem HI-Virus in Afrika südlich der Sahara, das sind fast Dreiviertel aller HI-Infizierten weltweit. Bei den infizierten Kindern liegt dieser Anteil gar bei 90 Prozent. Zwar ist ist auch in Subsahara-Afrika die Zahl der Neuinfektionen und der AIDS-bedingten Todesfälle rückläufig, doch trotz aller Fortschritte bei Aufklärung und medizinischer Versorgung verharrt die Rate auf hohem Niveau. 58 Prozent der AIDS-Infizierten in Subsahara-Afrika sind Frauen und Mädchen.

Großregion	HIV-Infizierte		Neuinfizierte		Prävalenz Erwachsene	AIDS-Tote
	Gesamt	davon Kinder	Gesamt	davon Kinder		
Subsahara-Afrika	25 000 000	2 900 000	1 600 000	230 000	4,7 %	1 200 000
Nordafrika/Vorderasien	260 000	20 000	32 000	3 000	0,1 %	17 000
Süd-/Südostasien	3 900 000	200 000	270 000	21 000	0,3 %	220 000
Ostasien	880 000	8 200	81 000	1 500	<0,1 %	41 000
Lateinamerika	1 500 000	40 000	86 000	2 100	0,4 %	52 000
Karibik	250 000	16 000	12 000	<500	1,0 %	11 000
Osteuropa/Zentralasien	1 300 000	19 000	130 000	<1 000	0,7 %	91 000
Westeuropa	860 000	1 600	29 000	<200	0,2 %	7 600
Nordamerika	1 300 000	4 500	48 000	<200	0,5 %	20 000
Ozeanien	51 000	3 100	2 100	<500	0,2 %	1 200
Welt	35 300 000	3 250 000	2 300 000	260 000	0,8 %	1 600 000

M5: Verbreitung von HIV/AIDS nach Großregionen 2012

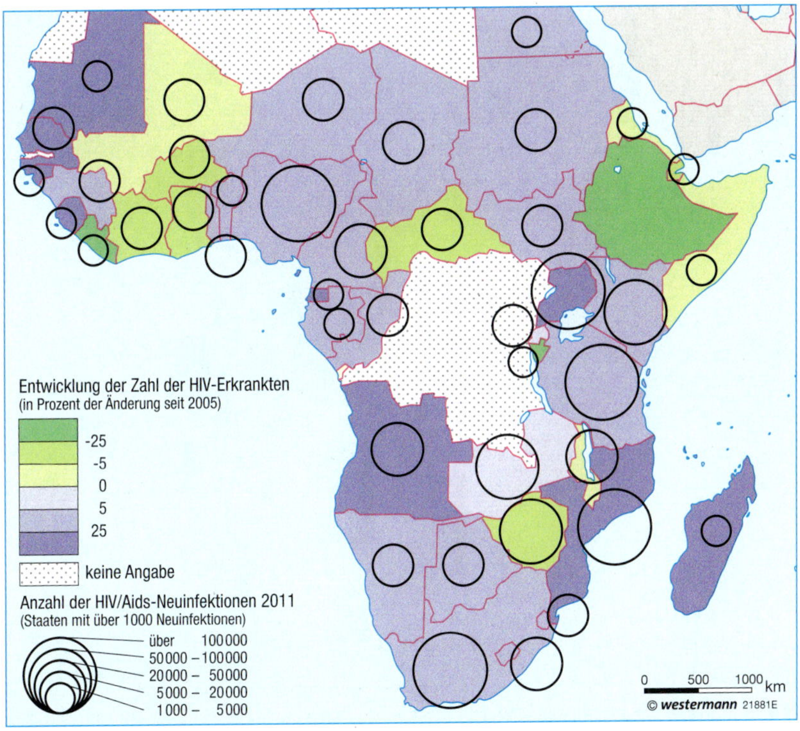

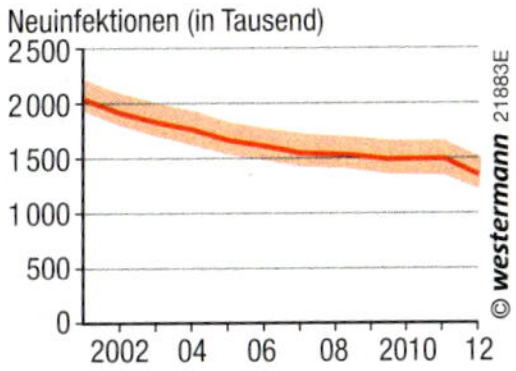

M3: Subsahara-Afrika: Rückgang der Neuinfektionen

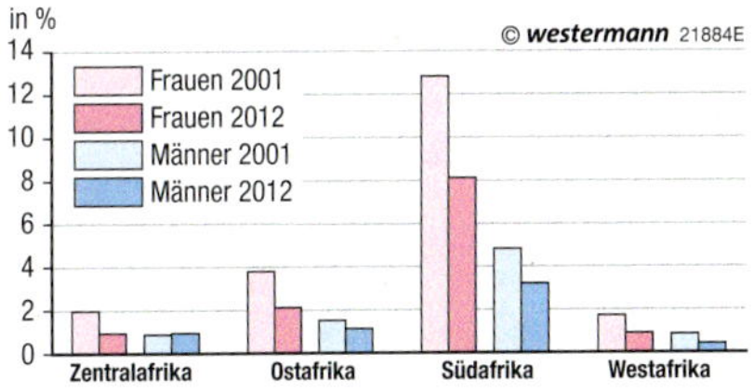

M4: HIV-Prävalenz unter jungen Frauen und Männern (15 - 24 Jahre) 2001 und 2012

Prävalenz
Krankheitshäufigkeit; Kennzahl der Epidemiologie, Anzahl von Menschen einer bestimmten Gruppe (Population) definierter Größe, die an einer bestimmten Krankheit erkrankt ist

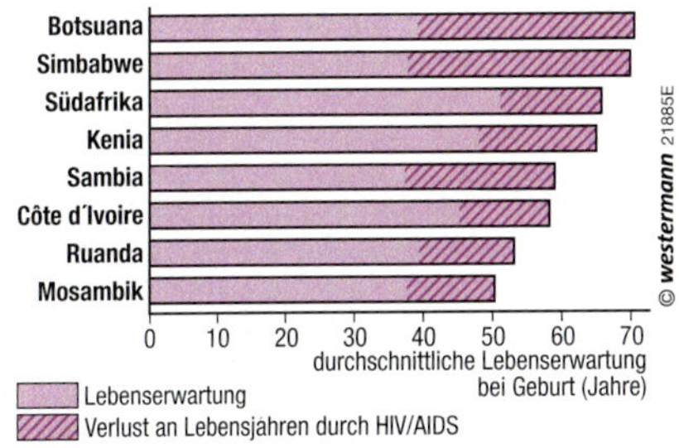

M6: Verringerung der Lebenserwartung bei im Jahre 2000 geborenen Kindern durch HIV/AIDS

M7: HIV/AIDS: Aktuelle Entwicklung der Erkrankten und der Neuinfektionen 2011

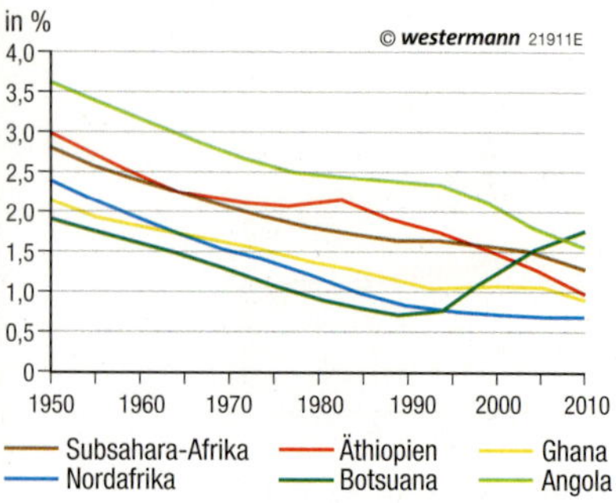

M1: Entwicklung der Sterberaten

	Anteil der Frauen (in %)
Botsuana	46
Cap Verde	90
D.R. Kongo	15
Côte d'Ivoire	16
Dschibuti	9
Ghana	25
Kenia	48
Mali	54
Namibia	65
Nigeria	19
Ruanda	53
Südafrika	27
Swaziland	58
Zimbabwe	56

M2: Anteil junger Frauen (15 - 24), die Kenntnisse über Maßnahmen zur Prävention der sexuellen Übertragung von HIV haben 2011/12

	Anteil der Getesteten (in %)
Botsuana	62
Cap Verde	38
D.R. Kongo	4
Côte d'Ivoire	13
Dschibuti	80
Ghana	5
Kenia	14
Mali	3
Namibia	25
Nigeria	12
Ruanda	38
Südafrika	25
Swaziland	39
Zimbabwe	26

M3: Anteil Männer und Frauen (15 - 49), die in den letzten 12 Monaten einen AIDS-Test gemacht haben 2011/12

Ursachen und Folgen von AIDS

Eine ganze Reihe spezifischer Faktoren trugen zu den hohen Infektionsraten in Afrika bei. In Afrika konnte sich das Hi-Virus über viele Jahrzehnte unbemerkt ausbreiten. Obwohl das HI-Virus erst 1983 in Paris erstmals beschrieben wurde, lassen neuere Untersuchungen den Schluss zu, dass bereits zu Beginn/Mitte des 20. Jahrhunderts erste AIDS-Fälle in Afrika aufgetreten sind. Viele Jahre an Aufklärungsarbeit sind im Südlichen Afrika verloren gegangen, weil die frühen Kampagnen schriftlich und auf Englisch geführt wurden und von der Bevölkerung oftmals nicht verstanden wurden. Die Überlebenssicherung vieler afrikanischer Haushalte beruht auf Migration und fördert den häufigeren Wechsel von Partnern. Armut, fehlende Bildung und Ausbildung sowie fehlende Zukunftsperspektiven forcieren die Risikobereitschaft und Prostitution. Die weite Verbreitung anderer über sexuelle Kontakte übertragene Krankheiten und allgemein schlechte Gesundheits- und Hygieneverhältnisse unterstützen die Übertragung des Virus durch bereits vorhandene Wunden und Verletzungen. Kulturelle Konventionen wie etwa Polygamie und die allgemein schwache gesellschaftliche Stellung der Frau tragen ebenfalls zur Ausbreitung bei. Der Gebrauch von Kondomen ist gering, unter anderem auch weil kirchliche Kreise öffentliche Kampagnen beargwöhnen.

AIDS hat für die Länder Afrikas gesellschaftspolitische, aber vor allem auch ökonomische Folgen: Hohe Krankheits- und Sterberaten der einkommenserwirtschaftenden und produktiven mittleren Altersklassen führen zu einem Verlust an nationaler Wirtschaftskraft, Bildung und Know-how und zur Entstehung einer ganzen Generation von Waisen, die von den vorhandenen Sozialsystemen kaum aufgefangen werden können. Es sind nicht nur die Armen, die an AIDS sterben. Ein großer Teil der gut ausgebildeten jungen Leute, der Hoffnungsträger für die Entwicklung der Länder, stirbt. HIV/AIDS stellt neben dem persönlichen Leid der Betroffenen ein allumfassendes Gesellschafts- und Entwicklungsproblem dar.

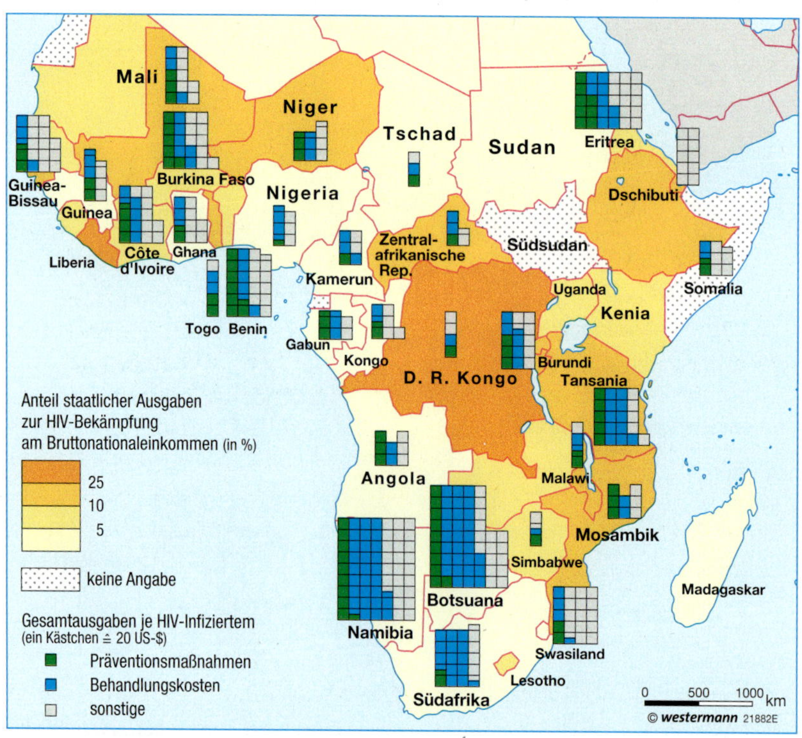

M4: Bekämpfung von HIV in Afrika

M5: Anti-AIDS-Kampagne in Botsuana

M6: Kinderfriedhof im Osten Botsuanas

Die Mittel, die den betroffenen Staaten für Information und Gesundheitsbildung sowie für kurative Maßnahmen bereit stehen, sind nicht ausreichend. Oft ist auch die Stigmatisierung der Betroffenen ein Grund für das Ausbleiben einer öffentlichen Diskussion, was wiederum die Aufklärungsarbeit erschwert.
Aber einige Staaten, unter anderem Botsuana und Uganda, haben über massive und lokal angepasste Aufklärungskampagnen erhebliche Erfolge erzielen können. Es ist vor allem in Botsuana gelungen, über die flächendeckende Bereitstellung **antiretroviraler Therapien** der Erkrankung ein wenig den Schrecken zu nehmen und so auch die Stigmatisierung der Betroffenen zu vermindern, was wiederum zu einer verbesserten öffentlichen Diskussion führte.

Antiretrovirale Therapie
Medikamentöse Behandlungsstrategie bei HIV-Patienten, bei der durch die Kombination verschiedener Medikamente das Virus dauerhaft in seiner Vermehrung gehemmt und so die Folgen einer unkontrollierten HIV-Infektion unterbunden werden kann

»

Die zwölfjährige Blessing lebt in Bokaa, einem Dorf nördlich der Hauptstadt Gaborone mit etwa 5 000 Einwohnern. Blessing bedeutet Segen, und als solchen haben ihre Eltern sie bei ihrer Geburt empfunden. Vater und Mutter sind vor drei Jahren nach langer Krankheit kurz hintereinander an AIDS gestorben, seither ist Blessing der Familienvorstand für ihre beiden fünf und acht Jahre alten Geschwister. Morgens die Geschwister wecken, den Bruder zur Schule schicken, bei Onkeln und Tanten um das Mittagessen betteln, das Haus sauber halten, Wasser holen, die jüngere Schwester, die bei der Geburt mit dem HI-Virus infiziert wurde, zur Klinik bringen, um die Medikamente abzuholen – das sind nur einige der alltäglichen Arbeiten, die Blessing verrichtet. Oft arbeitet sie noch in einem etwas reicheren Haushalt, um ein wenig Geld zu verdienen, auch um die Schulgebühren und andere mit dem Schulbesuch verbundene Kosten für den Bruder aufzubringen. Denn das hat sie ihrer Mutter versprochen: alles zu tun, damit die Kleinen zumindest eine rudimentäre Schulbildung erhalten. Für sie selbst war die Schule mit acht Jahren beendet, weil weder Mutter noch Vater am Schluss in der Lage waren, sich um Kinder und Haushalt zu kümmern, im Gegenteil selbst auf die Pflege von Blessing angewiesen waren. Blessings Geschichte ist kein Einzelfall. In Botsuana leben laut UNICEF-Schätzungen circa 93 000 AIDS-Waisen, viele davon in von Kindern geführten Haushalten.

«

M6: Quellentext zur AIDS-Waisen in Botsuana
Originalbeitrag der Verfasserin

„Während zum Beispiel auf dem Land die Versorgung der überlebenden Kinder von der Gemeinschaft der Großfamilie noch weitgehend übernommen werden kann, ist die Betreuung der AIDS-Waisen in den Städten kaum gewährleistet. In den Familienverbänden von Land-Stadt-Migranten, die auseinandergerissen sind (...) kann nur selten auf Verwandte zurückgegriffen werden, und für die Kinderbetreuung durch Fremde fehlen oft die Mittel."

Fred Krüger, deutscher Geograph (2000)

1 **Analysieren Sie die Entwicklung der HIV-Erkrankungen in Subsahara-Afrika.**
2 **Analysieren Sie die Auswirkungen von AIDS auf die demographische Entwicklung Botsuanas.**
3 **Erörtern Sie Ursachen und Auswirkungen der AIDS-Pandemie für Subsahara- Afrika.**

D1-250
www.diercke.de

Wanderung ist seit jeher ein Aspekt der Überlebenssicherung der Menschheit. In Afrika wird über kurze und weite Distanzen, freiwillig oder gezwungen gewandert, um das Überleben der Familie zu sichern.

Neben den quantitativ nach wie vor bedeutendsten Wanderungen vom ländlichen Raum in die Städte Afrikas und der Stadt-Stadt-Migration sind zunehmend transnationale Wanderungsprozesse zu beobachten, die innerhalb Afrikas vor allem die vergleichsweise ökonomisch aufsteigenden Regionen wie etwa Südafrika betreffen. Auf transkontinentaler Ebene ist eine Emigration in Richtung Europa und Nordamerika zu verzeichnen. Wiewohl vergleichsweise gering in ihrer Quantität, geben diese Wanderungsbewegungen aus afrikanischer Perspektive dennoch Anlass zur Sorge, da diese Abwanderungsprozesse durch eine hohe Anzahl an qualifizierten und hochqualifizierten Arbeitskräften getragen werden. Auf der einen Seite fehlen die gut ausgebildeten Menschen in Afrika (Brain Drain), auf der anderen Seite können die afrikanischen Staaten auch von den Rücküberweisungen der Auswanderer und dem gesammelten Wissen der Rückkehrer profitieren.

M1: LKW mit Flüchtlingen bei Durchquerung der Sahara

» *300 000 professionals reside outside Africa. Ethiopia lost 75 per cent of its skilled workforce between 1980 and 1991. This large exodus of qualified Africans is a huge burden on the African economy. To fill the human resource gap created by brain drain, Africa employs up to 150 000 expatriate professionals at a cost of $4 billion a year."*

Kemal Deris, türkischer Wirtschaftswissenschafler und Politiker , Direktor des Entwicklungsprogramms UNDP (2007)

„There are currently more Ethiopian doctors working in Chicago than in Ethiopia."

Keseteberhan Admassu, äthiopischer Gesundheitsminister (2012)

» *In our world in which the generation of new knowledge and its application to change the human condition is the engine which moves human society further away from barbarism, do we not have need to recall Africa's hundreds of thousands of intellectuals back from their places of emigration in Western Europe and North America, to rejoin those who remain still within our shores! I dream of the day when these, the African mathematicians and computer specialists in Washington and New York, the African physicists, engineers, doctors, business managers and economists, will return from London and Manchester and Paris and Brussels to add to the African pool of brain power, to enquire into and find solutions to Africa's problems and challenges, to open the African door to the world of knowledge, to elevate Africa's place within the universe of research the information of new knowledge, education and information."*

Thabo Mbeki, südafrikanischer Präsident (1998)

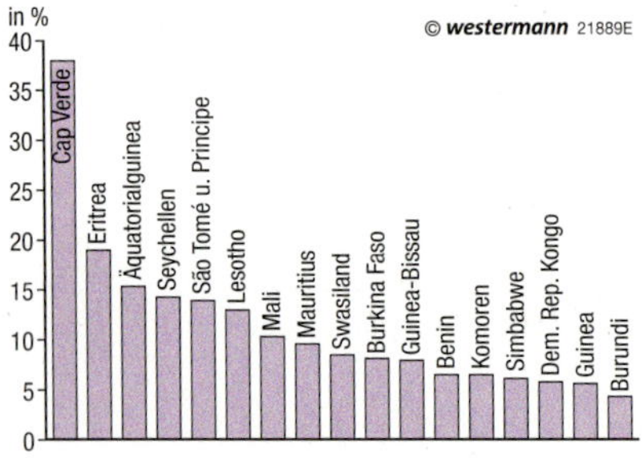

M2: Auswanderungsrate afrikanischer Länder

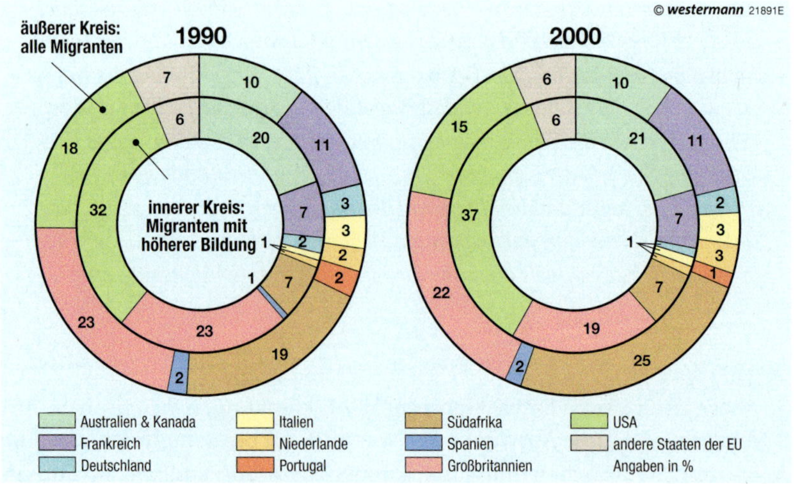

M3: Verteilung der Migranten und der qualifizierten Migranten aus Afrika nach Zielland

»

Eine Einteilung in endgültige Wanderungsgewinner und -verlierer erfasst auf Dauer gesehen die komplexe Wirklichkeit jedoch nicht. In den 1990er Jahren haben Forscher die Theorie der Brain Circulation entwickelt: Ihr zufolge verlaufen Wanderungsströme nicht endgültig und einseitig in nur eine Richtung. In der globalisierten Welt bleiben Migranten nicht immer bis an ihr Lebensende im Zielland und brechen auch mit der Auswanderung ihre Verbindungen in die Heimat nicht abrupt ab. Die Wanderung hoch Qualifizierter kann sowohl für das Aufnahme- als auch für das Herkunftsland positive Folgen haben. Ebenso wie die Industrieländer können Entwicklungsländer einen sogenannten Brain Gain erwarten, falls die ehemals ausgewanderte Elite zurückkehrt. Unternehmensgründungen, Investitionen, Transfer von Know-how und Technologie, aber auch die Diaspora-Netzwerke der Rückkehrer können einen regelrechten Entwicklungsschub bewirken.

«

M4: Quellentext zur Brain Circulation
Sippel, L.: Vom Brain Drain zu Brain Circulation. Berlin-Institut für Bevölkerung und Entwicklung

Ursachen	Beispiele
politisch	• Kriege, Bürgerkriege, lokale militärische Auseinandersetzungen, • ethnische, religiöse, politische Verfolgung von Personen/Gruppen auf lokaler/nationaler Ebene, • allgemeine Unterdrückung der Bevölkerung.
wirtschaftlich	• Verbesserung der Lebens- und Arbeitsbedingungen, • Umstellung Landwirtschaft (neue Anbauorganisation, Land Grabbing, Enteignung), wirtschaftliche Krisen, • Arbeits- und Perspektivlosigkeit, Armut.
ökologisch	• Natur- und Hungerkatastrophen (Dürren, Missernten), • Auswirkungen des Klimawandels, Desertifikation, andere Umweltzerstörungen.
sozial	• Verbesserung des Sozialstatuts, Bildungsmöglichkeiten, Familienzusammenführung • Möglichkeiten für andere Lebensmodelle.
demographisch	• Bevölkerungsdruck, • hoher Anteil junger Menschen.

M5: Ursachen von Migration

M6: Südafrika: Asylgesuche 2002 - 2012

	Migration		
	innerhalb der Region	innerhalb Afrikas	außerhalb Afrikas
Zentralafrika	23	38	39
Ostafrika	52	7	41
Südl. Afrika	66	7	28
Westafrika	71	5	24

M7: Migration innerhalb und außerhalb Afrikas (in %) 2010

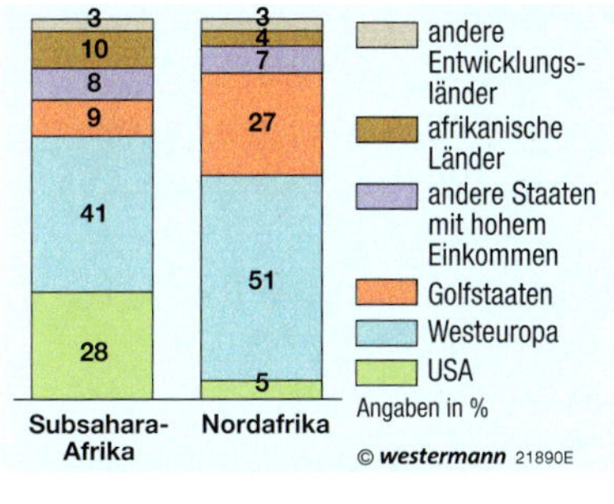

M8: Herkunft der Rücküberweisungen nach Afrika (in %) 2010

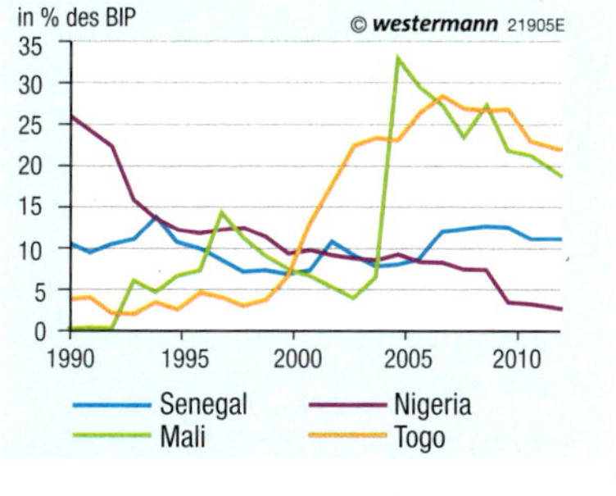

M9: Entwicklung der Rücküberweisungen in ausgewählten subsaharischen Ländern

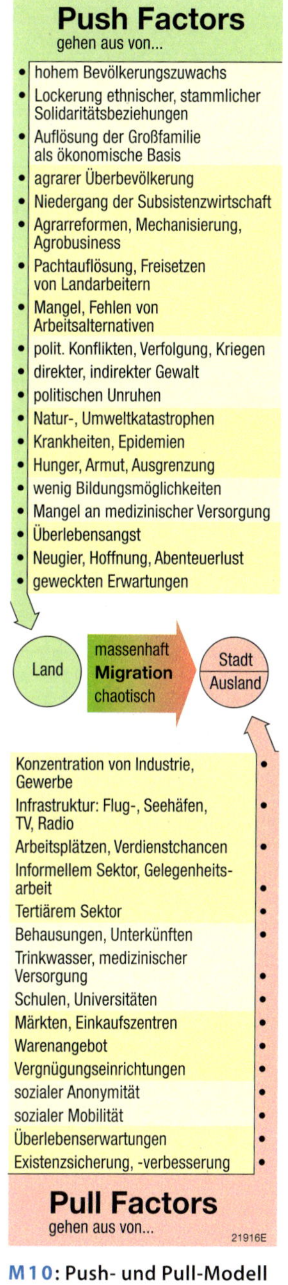

M10: Push- und Pull-Modell zur Beschreibung der Gründe für Binnen- und internationale Migration

4.3 Migration: Afrika in Bewegung

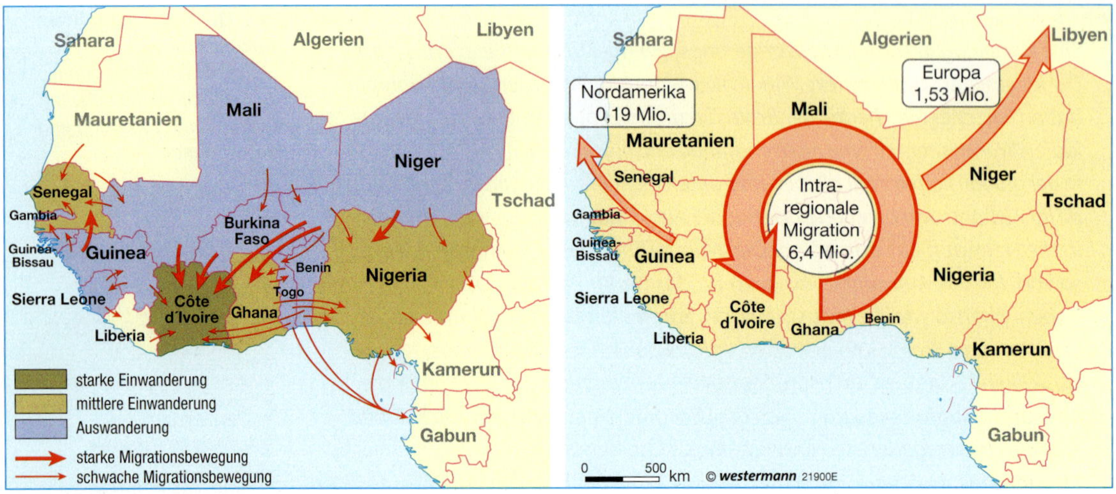

M1: **Migrationsmuster in Westafrika bis 1990 (links) und 2010 (rechts)**

M2: **Quellentext zur Veränderung der Migrationsmuster in Westafrika**

Müller, A., Romankiewicz, C.: Mobilität zwischen westafrikanischer Freizügigkeit und europäischer Grenzziehung. Geographische Rundschau 9/2013

»

Die Migrationsdynamik des 20. Jhs. (...) ist durch koloniale Transformationen der Mobilitätsmuster geprägt. Vor allem der enorme Bedarf an Lohnarbeitern für die Kaffee-, Kakao- und Erdnussplantagen, für Goldminen und große Infrastrukturprojekte führte zu einem Nord-Süd-Wanderungsmuster, das aus den Binnenstaaten Niger, Burkina Faso und Mali auf die Küstenländer Senegal, Elfenbeinküste, Ghana und Nigeria gerichtet war. Dies beschleunigte das Wachstum von neuen Hafenstädten wie Accra, Abidjan, Lagos und Dakar, die damit zu bedeutenden wirtschaftlichen Zentren und Migrationspolen avancierten. (...) Aufgrund wirtschaftlicher und politischer Krisen büßten Ghana (ab 1966), Senegal (Anfang 1970er) und Nigeria (ab 1983) ihre große Bedeutung innerhalb dieser westafrikanischen Migrationsmuster ein, und die Elfenbeinküste blieb der einzig wichtige Anziehungspunkt in der Region.

Ab den 1990er Jahren veränderte sich das regionale Migrationsmuster grundlegend. Die Elfenbeinküste verlor aufgrund von wirtschaftlichem Niedergang, wachsendem Nationalismus und bewaffneter Konflikte seit 1999 ihre herausragende Stellung. Zudem kam es zu einer Zunahme und Diversifizierung der Migration nach Europa und Nordamerika. Darüber hinaus etablierten sich Südafrika als wirtschaftlicher Motor des Kontinents sowie Libyen mit der hohen Nachfrage an Arbeitskraft im Zuge seiner panafrikanisch gerahmten Öffnung nach Süden als neue Migrationspole. Das Anwachsen der trans-saharischen Wanderungen in Richtung Libyen, der anderen Maghreb-Länder sowie nach Europa führte dazu, dass sich Sahelstaaten wie Mali, Niger, Mauretanien und Senegal zu Transitländern entwickelten. (...) Das aktuelle westafrikanische Migrationsmuster lässt sich wie folgt charakterisieren: Der größte Teil der Wanderungen vollzieht sich intraregional. Allein 69 % aller internationalen Migranten aus Westafrika verbleiben innerhalb der Region, während lediglich 15 % in Europa und 5 % in den USA leben. Etablierte, verwandtschaftliche Migrantennetzwerke bilden die Basis für die Aufrechterhaltung dieser intraregionalen Migration wie etwa der aus Mali in Richtung Elfenbeinküste.(...) Als etablierte wirtschaftliche und soziale Praxis der (Über)Lebensstrategie verstanden, kann die westafrikanische intraregionale Migration mit dem Begriff der ***zirkulären Migration*** *beschrieben werden.*

«

M3: **Minibus in Ségou, Mali**

In Westafrika war im Jahr 2011 die Summe der Rücküberweisungen (24,7 Mrd. US-$) etwa doppelt so hoch wie die offizielle Entwicklungshilfe (12,6 Mrd. US-$)

Zirkuläre Migration

Wiederholtes oder regelmäßiges „Pendeln" von Arbeitsmigranten mit kurzfristigem Aufenthalt zwischen ihrem Heimatland/Heimatort und dem Arbeitsland/Arbeitsort

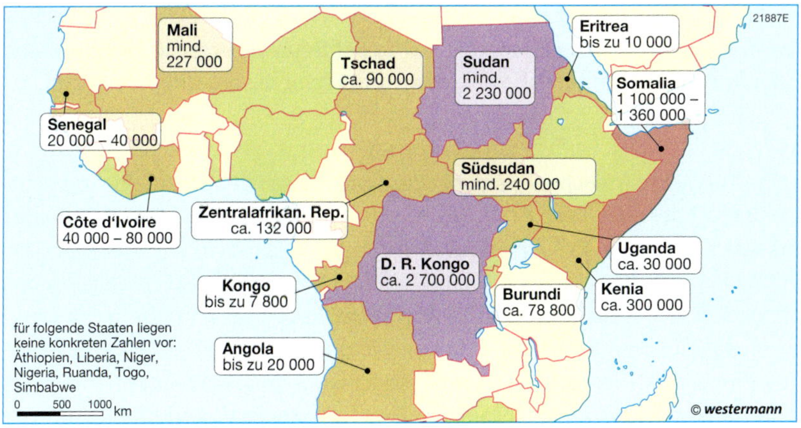

M4: Binnenvertriebene in Afrika 2012
Die weitaus größte Zahl der Menschen, die unfreiwillig ihre Heimat verlassen, bleiben innerhalb der Grenzen ihres Geburtslandes (IDP=internally displaced persons).

Die meisten afrikanischen Migranten bewegen sich innerhalb Afrikas. Die quantitativ bedeutendsten Migrationsbewegungen finden oszillierend zwischen Stadt und Land statt. Man wandert, um die Lebenschancen des Haushaltes nicht nur durch eine Einkommens-, sondern auch durch eine räumliche Diversifizierung zu erhöhen. Die einzelnen Haushaltsmitglieder können sich jeweils abwechselnd in der Stadt und auf dem Land aufhalten und übernehmen jeweils auch für die nicht unmittelbar anwesenden Mitglieder Verantwortung (M7). So werden bi- beziehungsweise multilokale Haushalte geschaffen, deren Mitglieder mehr als ein „Zuhause" haben. Die Handlungen an einem Haushaltsstandort können die Haushaltsmitglieder an einem anderen Haushaltsstandort direkt beeinflussen. So dynamisch wie der Wechsel einzelner Mitglieder zwischen einzelnen Haushaltsstandorten sein kann, so dynamisch kann auch die Schaffung neuer Haushaltsstandorte ablaufen.

Migration betrifft also nicht nur das migrierende Individuum, sondern eine ganze Reihe weiterer Personen im städtischen und ländlichen Raum. Die Verantwortlichkeiten und Verflechtungen gehen im Sinne reziproker Abhängigkeitsbeziehungen in beide Richtungen. Für viele Migrantenfamilien gilt aber immer noch, dass die städtische Lebensform nicht zum Lebensmittelpunkt wird. Die emotionalen und kulturellen Verbindungen zu den ländlichen Herkunftsgebieten sind oftmals sehr hoch. Für viele ist die Stadt eine Zwischenstation und die Rückkehr in die Herkunftsgebiete das – wiewohl nicht immer erreichbare – Ziel. Allerdings ziehen viele junge Menschen mittlerweile in die Städte, um dort zu bleiben. Perspektivlosigkeit, aber auch die durch die Globalisierung transportierten Verheißungen des „guten" städtischen Lebens sind dafür wesentliche Motivationen.

M5: Binnenflüchtlinge im Kongo

M6: Haus Mandelas in Quno
Die Wunschvorstellungen nach der Rückkehr in die Heimat betreffen nicht nur die armen Gruppen, auch Nelson Mandela bezog nach Ausscheiden aus dem Präsidentenamt ein neues Haus in seinem Herkunftsdorf.

Stadt	Land
• Erwirtschaftung von monetärem Einkommen • Brückenkopffunktion für weitere Migranten (Arbeits-, Bildungs-, Gesundheitsmigration • Zugang zu staatlichen Unterstützungsleistungen	• Betreuung von Kindern, Versorgung von Alten und Kranken • Sicherung von Werten (Land, Häuser, Vieh, Status) • Subsistenzproduktion als Beitrag zur Ernährungssicherung ländlicher Haushaltsmitglieder • Rituelle Funktionen (Beerdigungen, Beschneidung, Hochzeit, Verehrung der Ahnen) • Bezugspunkt zur sozialen Konstruktion von Identität • Rückzugsort für Migranten in Krisensituationen

M7: Aufgaben- und Arbeitsteilung zwischen Stadt und Land

1 Erklären Sie die Begriffe Brain Drain und Brain Gain.
2 Beurteilen Sie die Vor- und Nachteile von bi- bzw. multilokalen Haushalten.
3 Recherchieren SIe die aktuellen „Hot Spots" der Fluchtbewegungen in Afrika.

D1-254
www.diercke.de

4.4 Armut und Ungleichheit

M1: Slum Kibera in Nairobi, Kenia

Im Jahr 2012 lebten nach Weltbankangaben 414 Mio. Menschen in Subsahara-Afrika in Armut, also knapp die Hälfte der Bevölkerung. Doch was Armut oder auch Ungleichheit ist, kann ganz unterschiedlich definiert werden.

In der Regel unterscheidet man zwischen drei Arten von Armut. Allerdings wird keine der Messbarmachungen der Lebenswirklichkeit der Betroffenen gerecht. Der Begriff der **absoluten Armut** wurde 1973 durch den damaligen Weltbankpräsidenten Robert McNamara bei einer Rede in Nairobi in die internationale entwicklungspolitische Diskussion eingeführt, in der er die Beseitigung der absoluten Armut bis zum Jahr 2000 forderte. Absolute Armut herrscht dann, wenn das Einkommen nicht ausreicht, um das Minimum der Grundbedürfnisse zu befriedigen. Die absolute Armutsgrenze wird von der Weltbank durch ein Tageseinkommen von 1,25 US-$ pro Person festgelegt. Andere Messungen

	Absolute Armut (in % der Ew.)			Absolut Arme <1,25 US-$ (in Mio.)	Arme nach nat. Armutsgrenze (in %)	Bevölkerung in mehrdimensionaler Armut (MPI)	Unterernährte (in %)	Alphabetisierungsrate	Kraftfahrzeuge (pro 1000 Ew.)
	<1,25 US-$	<2,5 US-$	<5 US-$						
Angola	43,4	77,1	94,2	8,2	36,6	k.A.	27,4	70,4 %	38,3
Äthiopien	30,7	79,9	96,7	27,4	29,6	87,3 %	40,2	39,0 %	3,0
Burundi	81,3	96,1	99,4	6,5	66,9	84,5 %	73,4	86,9 %	6,3
Côte d'Ivoire	23,8	58,7	87,8	4,3	42,7	61,5 %	21,4	56,9 %	22,0
Ghana	28,6	63,9	90,0	6,3	28,5	31,2 %	5,0	71,5 %	29,8
Kenia	43,4	76,6	93,6	15,5	45,9	47,8 %	30,4	72,2 %	24,7
D.R. Kongo	87,2	97,0	99,4	48,8	71,3	74,0 %	k.A:	61,2 %	5,1
Liberia	83,8	97,0	99,4	3,0	63,8	83,9 %	31,4	42,9 %	3,1
Mali	50,4	87,2	98,3	7,1	43,6	86,6 %	7,9 %	33,4 %	12,0
Niger	43,6	85,0	97,2	6,4	59,5	92,4 %	12,6	28,7 %	7,7
Nigeria	68,0	89,6	97,3	108,6	46,0	54,1 %	8,	51,1 %	31,0
Tansania	67,9	92,8	98,6	27,9	28,2	65,6 %	5,0	67,8 %	7,4
Südafrika	13,8	39,5	62,9	6,9	23,0	13,4 %	24,3	93,0 %	165,1
SSA	48,5	78,1	93,0	413,7	-	k.A.	24,3	59,1 %	28,2

M2: Verschiedene Armutsindikatoren in ausgewählten subsaharischen Ländern (Daten aus 2005 - 2011)

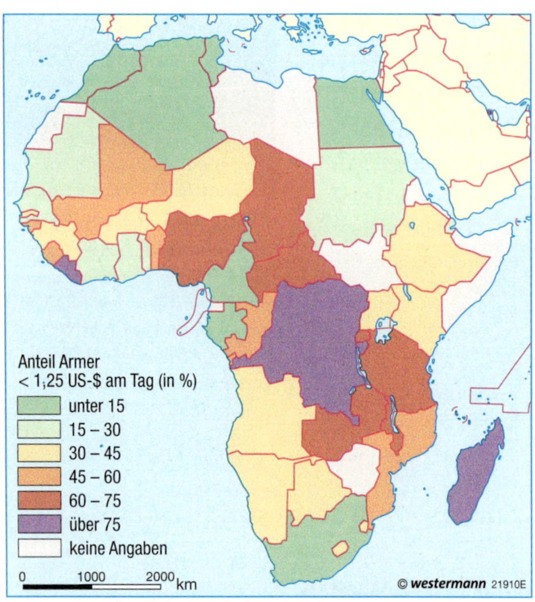

M3: Afrika: Absolute Armut (<1,25 US-$ am Tag)

	BNE/Ew.	Arme (1,25 $)	Unterernährte
Subsahara-Afrika	2010 US-$	48,5 %	22,1 %
Nordafrika/VA	8317 US-$	2,7 %	6,9%
Lateinamerika	10300 US-$	6,5 %	8,9 %
Ostasien	6874 US-$	14,3 %	10,6 %
Südasien	3343 US-$	36,0 %	20,3 %

M4: Vergleich von Entwicklungsregionen (VA = Vorderasien)

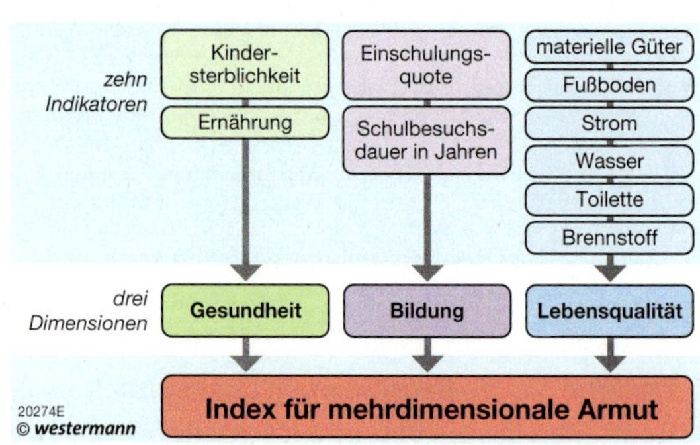

M5: Indikatoren des Multidimensional Poverty Index

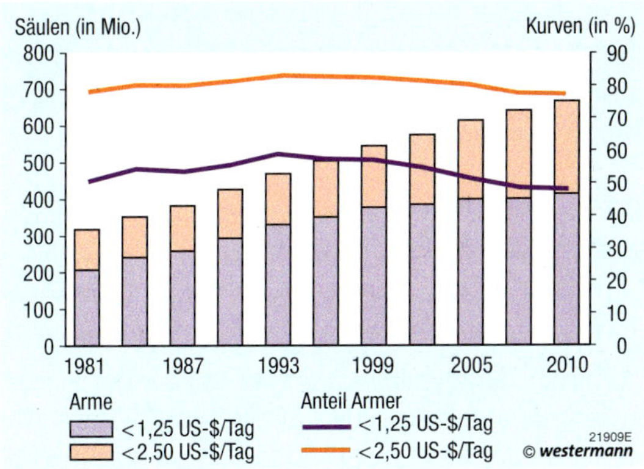

M6: Entwicklung der absoluten Armut in Subsahara-Afrika 1981 - 2010

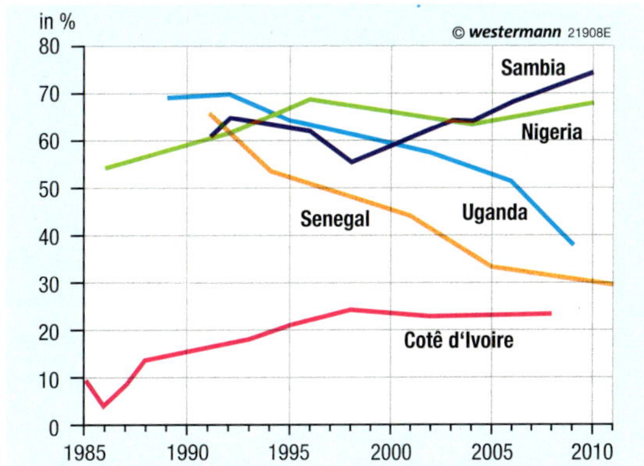

M7: Entwicklung der absoluten Armut in ausgewählten subsaharischen Staaten 1985 - 2011

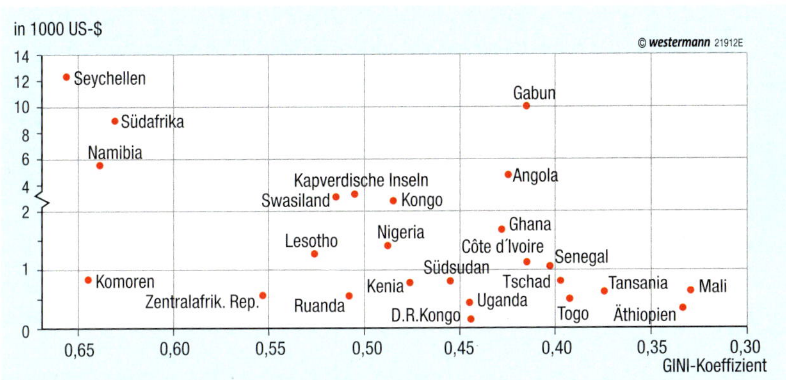

M8: Wohlstand (Bruttonationaleinkommen pro Ew., 2012) und Ungleichheit (Gini-Index, 2004 - 2011) ausgewählter subsaharischer Staaten

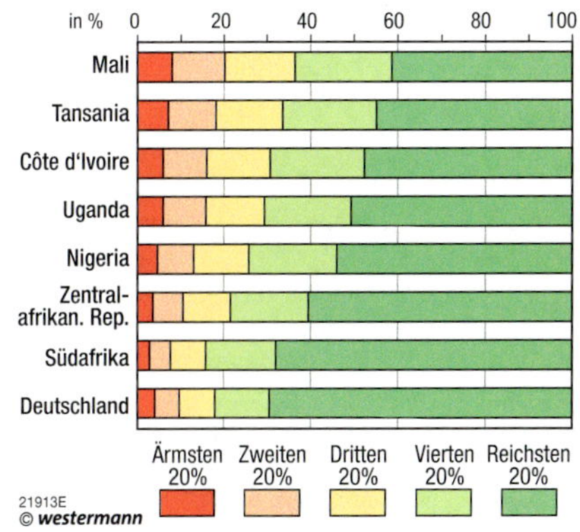

M9: Einkommensverteilung

(Daten aus 2007 - 2010)
Hierbei wir die Bevölkerung eines Landes anhand des Einkommens in fünf jeweils gleich große Gruppen eingeteilt. Die jeweiligen Werte geben an, wie viel eine Gruppe zum Gesamteinkommen beiträgt.

von Armut beziehen als Grenzwert national definierte Pro-Kopf-Einkommen oder aber auch eine Reihe weiterer Indikatoren wie Kalorienaufnahme, durchschnittliche Lebenserwartung, Kindersterblichkeit, Geburtenrate oder Alphabetisierungsgrad ein. Ein international vergleichbarer Index ist der MPI der UNDP (M 5), der verschiedene Nichteinkommenindikatoren berücksichtigt.

Relative Armut setzt den materiellen Lebensstandard in Beziehung zum Wohlstand der jeweiligen Gesellschaft. Als relativ arm gilt diejenige Person, deren Einkommen unter der Hälfte des Durchschnittseinkommens liegt. Der Begriff der relativen Armut erweitert die Armutsfrage um die Verteilungsfrage.

Gefühlte Armut bezieht sich auf das Bewusstsein der Betroffenen, auf das Gefühl gesellschaftlicher Ausgrenzung und der Furcht vor einer sich verschlechternden wirtschaftlichen Situation. Diese Art der Armut lässt sich nur schwerlich durch Einkommengrenzen oder andere Indikatoren messen.

Soziale Ungleichheit thematisiert die unterschiedlichen Möglichkeiten der Teilhabe an materiellen (z. B. Einkommen, Grundbesitz, Rohstoffe) oder immateriellen Gütern (z. B. Bildung, Gesundheitsversorgung, Know-how) in einer Gesellschaft.

Gini-Index/Koeffizient

Indikator für Ungleichheit und zur Beurteilung der Ungleichheit in der Einkommensverteilung eines Landes. Sein Wert variiert von 0 bis 100 (oder 0 bis 1). Bei absoluter Gleichverteilung beträgt der Index 0, bei völliger Ungleichheit (wenn alle Einkommen außer einem Null sind) beträgt der Wert 100. Je höher der Gini-Index, desto größer die Ungleichheit.

1. **Analysieren Sie die Entwicklung und Verteilung der absoluten Armut in Subsahara Afrika.**
2. **Vergleichen Sie die Einkommensverteilung/Ungleichheit in Mali, Südafrika und Deutschland.**
3. **Erörtern Sie die Aussagekraft der verschiedenen Konzepte und Methoden der Armutsmessung.**

D1-250
www.diercke.de

Das Wachsen der Städte

Die Städte Afrikas wachsen mit einer bislang weltweit noch nicht beobachteten Schnelligkeit. Sichtbarstes Zeichen dieses Wachstums ist die Ausbreitung von Slums und informellen Siedlungen, in denen prekäre Wohn- und Wohnumfeldbedingungen vorherrschen.

Afrikanische Städte sind meist jung. Die Entstehungsgeschichte nur weniger städtischer Siedlungen reicht in die vorkoloniale Zeit zurück. Auch diese wurden während der kolonialen Phase meist überformt. Die meisten Städte entstanden erst in der kolonialen Epoche als Verwaltungsstädte der Kolonialmächte, oft an Flüssen, Küsten oder Handelsrouten. Häufig haben diese auch heute noch einen europäischen Kernbereich (Geschäftszentrum, europäisches Wohnviertel). Im Laufe der Jahrzehnte wuchsen neue Wohnviertel der afrikanischen Zuwanderer um Bereiche der europäischen und der ansässigen afrikanischen Bevölkerung.

Traditionell war das subsaharische Afrika nur wenig verstädtert. Noch 1950 lebte nur jeder zehnte Afrikaner in einer Stadt. In der zweiten Hälfte des 20. Jahrhundertes begann allerdings in vielen afrikanischen Ländern ein intensiver Verstädterungsprozess, wenn sich auch die **Verstädterungsraten** seit den 1970er-Jahren wieder leicht abschwächten. Aktuell wächst die afrikanische Städtbevölkerung um jährlich 3,6 Prozent. Der momentane **Verstädterungsgrad** von 36,7 Prozent liegt allerdings immer noch deutlich unter dem anderer Entwicklungsregionen. Es ist davon auszugehen, dass sich die Wachstumsraten der Städte im subsaharischen Afrika auch in den nächsten Jahren weiterhin zwischen drei und bis zu sechs Prozent pro Jahr bewegen werden. Diese Verstädterungssraten sind zum einen das Resultat eines hohen natürlichen Bevölkerungswachstums sowie nationaler und internationaler Zuwanderungsprozesse.

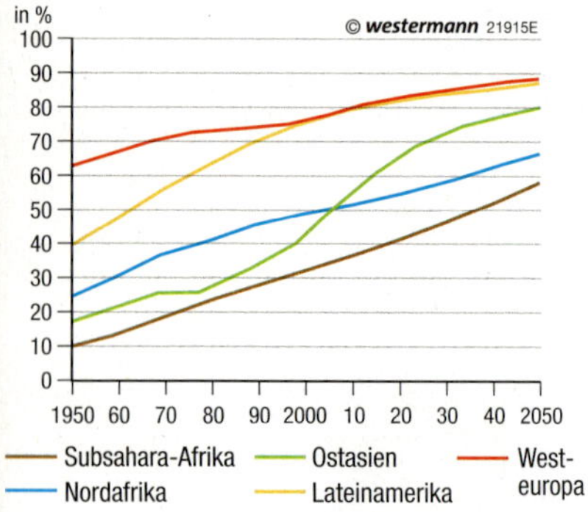

M1: Verstädterungsgrad verschiedener Großregionen 1950 - 2050

Verstädterungsgrad
Anteil der Stadtbevölkerung an der Gesamtbevölkerung

Verstädterungsrate
Jährliche Zuwachsrate der städtischen Bevölkerung

	Stadt	Land
Äthiopien	6,0	2,4
Afrika	6,1	4,1
Asien	3,3	2,5
Lateinamerika	3,7	2,4

M2: Urbane und rurale Fertilitätsrate 2010

	Verstädterungsgrad			Verstädterungsrate (2005 - 2010)	Sicherer Zugang zu		Anschluss der Haushalte an Trinkwassernetz*
	1950	2011	2050		sauberem Wasser*	sanitären Anlagen*	
Angola	7,6	59,2	78,0	4,50	60	85	34
Äthiopien	4,6	17,0	35,5	3,52	97	29	46
Botsuana	2,7	61,7	78,5	2,59	99	75	85
D.R. Kongo	19,1	34,3	57,3	4,36	79	24	21
Niger	4,9	17,8	37,1	4,57	100	34	39
Nigeria	10,2	49,6	71,3	3,87	74	35	8
Südafrika	42,2	62,0	76,8	1,71	99	86	89
Tansania	3,5	26,7	50,0	4,53	79	20	22

M3: Daten zur Verstädterung für ausgewählte subsaharische Staaten (alle Angaben in %, * 2010)

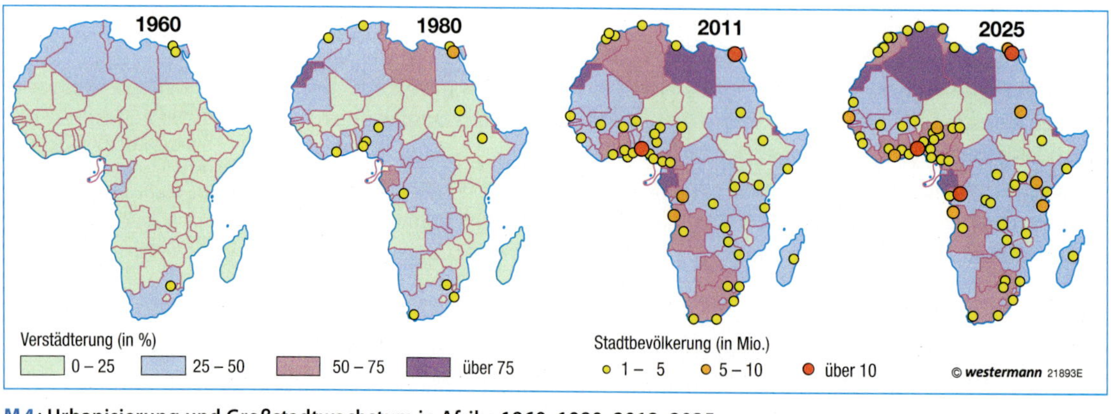

M4: Urbanisierung und Großstadtwachstum in Afrika 1960, 1980, 2012, 2025

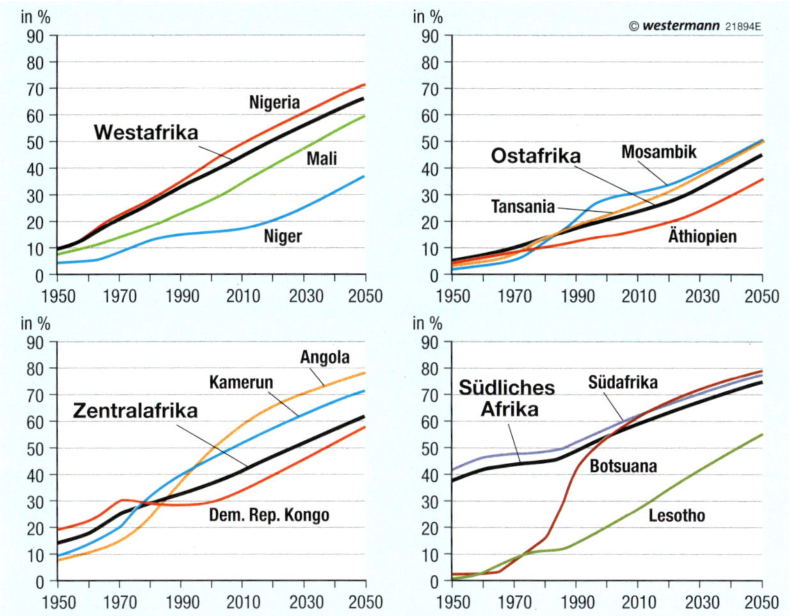

M5: Subsahara-Afrika: Verstädterungsgrad 1950 - 2050

M6: Luanda (Angola)

„In Luanda herrscht Goldgräberstimmung, die einst so verschnarchte Hauptstadt gleicht einer riesigen Baustelle, (...) Sechs bis acht Millionen Menschen leben in der Kapitale, genaue Zahlen gibt es nicht. (...) Vielversprechend klingt das. Doch hinter den schönen neuen Kulissen entdeckt man schon bald ein ganz anderes Luanda: verwahrloste Plattenbauten, die sich in vertikale Slums verwandelt haben."

Bartholomäus Grill, deutscher Journalist (2011)

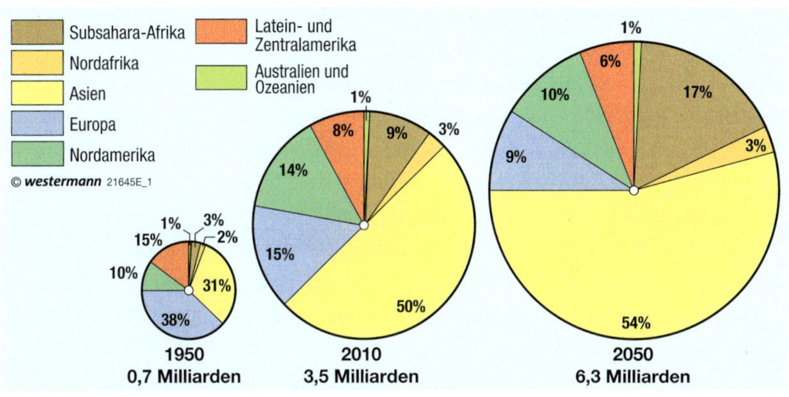

M7: Anteil der Großregionen an der städtischen Bevölkerung 1950 - 2050

	1950-60	1960-70	1970-80	1980-90	1990-00	2000-10	2010-20	2020-30	2030-40	2040-50
Äthiopien*	5,37	**5,39**	3,94	**5,03**	4,60	3,63	3,57	3,56	3,25	2,74
Burundi*	3,45	3,34	**7,61**	6,73	4,03	**5,29**	4,34	3,77	3,41	3,05
Dschibuti	5,48	8,49	**8,99**	5,51	2,75	2,00	1,95	1,93	1,64	1,37
Eritrea*	**5,38**	5,16	4,22	3,42	2,59	**5,30**	4,75	4,03	3,61	3,07
Kenia	5,64	6,63	**7,83**	4,38	4,59	4,29	4,30	3,99	3,74	3,32
Madagaskar*	5,34	5,31	**5,46**	5,11	4,49	**4,62**	4,61	4,09	3,53	3,09
Malawi	4,27	5,72	**7,22**	6,52	4,14	3,45	4,41	4,90	**5,08**	4,74
Mauritius	4,14	**4,63**	1,61	1,30	0,93	0,62	0,63	0,87	0,84	0,58
Ruanda*	5,78	5,87	**7,14**	4,54	**10,64**	5,83	4,45	4,20	4,01	3,62
Somalia*	5,27	5,15	**7,46**	1,28	2,29	3,47	3,96	**4,18**	3,98	3,67
Süd-Sudan*	-	1,60	2,41	**6,37**	3,11	**4,84**	3,96	3,82	3,83	3,42
Tansania	6,83	7,04	**9,34**	5,71	4,56	4,39	**4,79**	4,64	4,34	3,91
Uganda*	7,23	**7,42**	4,16	**7,20**	4,00	5,49	5,61	5,08	4,56	4,02
Ostafrika	5,41	6,02	**6,24**	4,88	4,14	3,83	**4,13**	4,00	3,76	3,39

fett = Höhepunkt der ersten bzw. zweiten Urbanisierungsphase * von Konflikten und politischen Unruhen betroffene, Flüchtlinge aufnehmende Länder

M8: Verstädterungsrate in ausgewählten ostafrikanischen Ländern 1950 - 2050

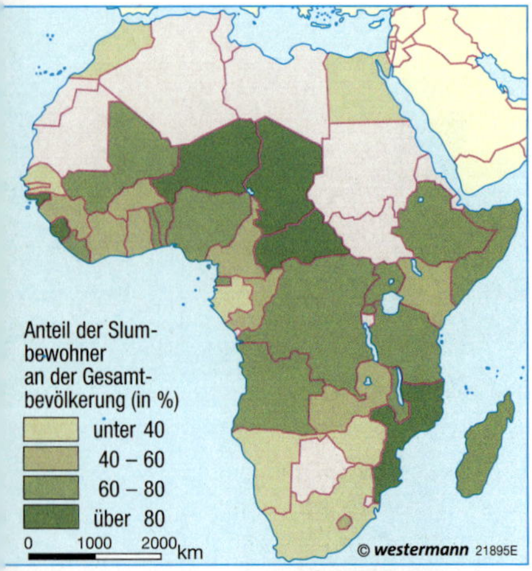

M1: Afrika: Bevölkerung in Slums/Informellen Siedlungen 2009

Die massiven quantitativen Verstädterungsprozesse bei gleichzeitigen Defiziten in den stadtplanerischen Fähigkeiten und finanziellen Möglichkeiten der Stadtverwaltungen haben langfristig negative Auswirkungen sowohl auf die Umwelt insgesamt als auch auf die Gesundheit der Stadtbewohner. Gleichzeitig sind rasant ablaufende soziale Veränderungsprozesse in Gang gekommen. Räumliche Segregations- und sozio-ökonomische Polarisierungsprozesse finden ihren materiellen und physisch sichtbaren Ausdruck in den enormen Disparitäten der Versorgung unterschiedlicher Gruppen mit Wohnraum. In einigen Staaten Afrikas erreicht der Anteil der städtischen Bevölkerung, die in Slums lebt, über 90 Prozent.

Im Allgemeinen ist das Phänomen Slum oder informelle Siedlung durch den rechtlichen Status, der von illegal bis zu unterschiedlichen Formen der Legalisierung reichen kann, bauliche Merkmale, infrastrukturelle Ausstattung und die sozioökonomische Situation seiner Bewohner gekennzeichnet. Des Weiteren zeichnen sich diese Siedlungen durch ihre Entstehung aus, die in der Regel ohne staatliche oder städtische Autorisierung und stadtplanerische Lenkung stattfindet. Das Ausbreiten dieser Siedlungen ist verantwortlich für das massive Flächenwachstum afrikanischer Städte mit all seinen negativen Folgeerscheinungen.

M2: Quellentext zu informeller Bebauung in Subsahara-Afrika
Bähr, J., Jürgens, U.: Stadtgeographie II (2009)

»

Die komplizierten, oft ungeregelten Eigentums- und Nutzungsrechte über das Land an der Peripherie der Städte erleichtern informelle Siedlungserweiterungen. (...) Auch legal erworbenes Land ist nicht immer im Grundbuch eingetragen, weil die Behörden mit der Registrierung nicht nachkommen. (...).
Naturgemäß hängt das Ausmaß von Squatting und informeller Bebauung ganz wesentlich davon ab, inwieweit die Behörden dies dulden. Dort wo die Kontrollen schärfer sind und man nach wie vor mit Vertreibungen rechnen muss – wie in Harare, Nairobi oder Abidjan – wird zumindest die „Schauseite" der Stadt ausgespart (zentrale Stadtbereiche, bessere Wohngebiete, Verbindungsstraßen zum Flughafen). Dagegen läuft der Prozess in Städten, wo eine Laissez-faire-Haltung dominiert und die Behörden nicht in der Lage sind, eine wirksame Kontrolle auszuüben, völlig ungehindert ab. [In Luanda] *wird geschätzt, dass ca. drei Viertel der Bewohner in Hüttenvierteln leben, die sowohl aus Landbesetzungen, als auch aus illegalen Parzellierungen hervorgegangen und teilweise extrem verdichtet sind. Da die Gefahr der Vertreibung gering ist, werden große Anstrengungen unternommen, die Wohnbedingungen mittels Selbsthilfe zu verbessern. Der bauliche Konsilidisierungsprozess schreitet dabei erstaunlich rasch voran.*

«

Slum/Informelle Siedlung
Slum als fachwissenschaftlicher Begriff bezeichnet innerstädtische, degradierte, vormals formelle Behausungen, die prekäre Wohnverhältnisse aufweisen. Der Begriff wird jedoch mittlerweile sowohl in der Umgangssprache als auch in den Veröffentlichungen der UN-Behörden als Synonym für generell schlechte Wohn- und Wohnumfeldbedingungen benutzt. Als informelle Siedlungen werden neue, ungeplante Viertel in der Peripherie oder auf Freiflächen der Städte bezeichnet.

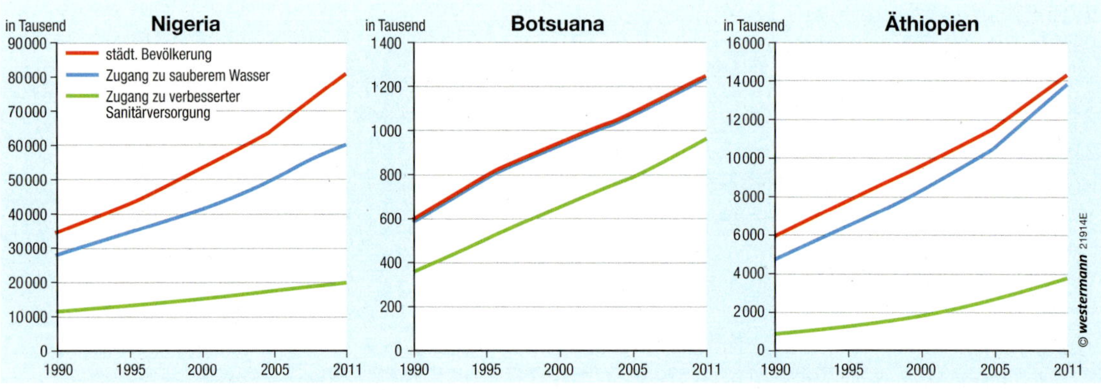

M3: Zugang zu sauberem Trinkwasser und Sanitäreinrichtungen in Städten in Nigeria, Botsuana und Äthiopien

M4: Die informelle Siedlung Marconi Beam in Kapstadt (Südafrika) musste geräumt werden, weil sie auf privatem Grund erbaut worden war.

M5: Prekäre Lebensbedingungen in Marconi Beam vor der Umsiedlung: Dichte Bebauung, wenige Wasseranschlüsse, Gemeinschaftstoiletten und Überschwemmungen im Winter

Wo Staat und Gesellschaft keinen adäquaten Wohnraum bereitstellen können, helfen sich die Menschen selbst mit dem Bau von Hütten. Diese Art der Selbsthilfe hat jedoch massive Auswirkungen sowohl für die Betroffenen als auch für die Gesellschaft als solche. Oft werden die Behausungen an Orten errichtet, die anfällig für extreme Naturereignisse sind, zum Beispiel an Hängen oder in Flussbetten. In den meisten Siedlungen gibt es keinen Zugang zu Wasser und kein Abwassersystem, was enorme gesundheitliche Beeinträchtigungen mit sich bringt. Zudem liegen die Hüttensiedlungen oft weit außerhalb und die Bewohner müssen lange Wege zu Arbeit und Einkommen auf sich nehmen. Die Hütten stehen so eng beieinander, dass sich Brände in Windeseile ausbreiten. So ist etwa die informelle Siedlung von Marconi Beam in Kapstadt mehrfach von Feuern heimgesucht worden (M4, 5).

Aber auch für die psychosoziale Entwicklung der Bewohner bergen informelle Siedlungen Gefahren. Rückzugsräume und Privatheit sind kaum gegeben, die Dichte der Bebauung bringt Lärm und Ablenkung mit sich, die etwa den Schülern das Lernen erschwert und auch das Anfertigen von Hausaufgaben stark beeinträchtigt. All diese Auswirkungen haben das Potenzial, die Benachteiligung der Bewohner festzuschreiben und auf die folgenden Generationen zu übertragen. Informelle Siedlungen bieten aber auch Chancen für die Bewohner, zunächst einmal dadurch, dass überhaupt bezahlbarer Wohnraum entsteht. Der Ausbau der Hütten kann schrittweise, je nach Finanzlage und Vorlieben erfolgen. Ebenso bietet eine eigene Hütte die Möglichkeit, selbständig von zuhause zu arbeiten.

Um dem Problem der prekären Wohnverhältnisse zu begegnen, setzen fast alle afrikanischen Staaten auf die Selbsthilfefähigkeit der Bewohner, etwa durch den Bau von Kleinsthäusern, an die sukzessive angebaut werden soll oder durch die Bereitstellung eines Grundstücks, das mit der wichtigsten Infrastruktur (Site & Service) ausgestattet ist. Illegale Landbesetzungen werden in den großen Städten inzwischen kaum noch geduldet und neu entstehende Siedlungen oft geräumt.

M6: Joe-Slovo-Park in Kapstadt: Fertighaus-Siedlung, in die die Bewohner von Marconi Beam umgesiedelt wurden

	1990	2000	2010
Subsahara-Afrika	70,0	65,0	61,7
Nordafrika	34,4	20,3	13,3
Lateinamerika	33,7	29,2	23,5
Ostasien	43,7	37,4	28,2
Südasien	57,2	45,8	35,0
Äthiopien	95,5	88,6	76,4
Ghana	65,5	52,1	40,1
Nigeria	83,6	82,6	81,7
Simbabwe	4,0	3,3	24,1
Südafrika	46,2	33,2	23,0
Zentralafr. Republik	87,5	91,9	95,9

M7: Anteil der Stadt-Bevölkerung, die in Slums lebt

1 **Beschreiben Sie die Entwicklung der Städte in Subsahara-Afrika.**
2 **Erklären Sie Ursachen und Auswirkungen des Stadtwachstums in Subsahara-Afrika.**
3 **Erörtern Sie die Folgen des Lebens in informellen Siedlungen.**

D1-136
www.diercke.de

Bevölkerung: jung, dynamisch, verwundbar

Bevölkerungsentwicklung

Afrika südlich der Sahara hat im weltweiten Vergleich die jüngste Bevölkerung. Das kann je nach Perspektive positiv oder negativ bewertet werden. Pessimistische Einschätzungen gehen davon aus, dass ein rapides und lang anhaltendes Bevölkerungswachstum alle Entwicklungsanstrengungen zunichte macht. Optimistischere Sichtweisen sehen große Chancen im derzeit zu beobachtenden Fertilitätsrückgang, bei dem der prozentuale Anteil der jungen Bevölkerung abnimmt und gleichzeitig der Anteil der alten Bevölkerung noch nicht ansteigt. Um diesen demographischen Bonus zu nutzen, muss allerdings massiv in Bildung investiert und die lokalen Arbeitsmärkte auf die Aufnahme der Arbeitskräfte vorbereitet werden.

AIDS

Die hohen HIV/AIDS-Raten stellen vor allem im Südlichen Afrika neben dem persönlichen Leid der Betroffenen ein allumfassendes Gesellschafts- und Entwicklungsproblem dar. Hohe Krankheits- und Sterberaten der einkommenserwirtschaftenden und produktiven mittleren Altersklassen führen zu einem Verlust an nationaler Wirtschaftskraft, Bildung und Know-how und zu der Entstehung einer ganzen Generation von Waisen. Ein großer Teil der gut ausgebildeten jungen Leute, Hoffnungsträger für die Entwicklung der Länder, stirbt.

Migration und Stadtwachstum

Die meisten afrikanischen Migranten bewegen sich innerhalb Afrikas. Die quantitativ bedeutendsten Migrationsbewegungen finden oszillierend zwischen Stadt und Land statt. Man wandert, um die Lebenschancen des Haushaltes nicht nur durch eine Einkommens-, sondern auch durch eine räumliche Diversifizierung zu erhöhen. Die massiven quantitativen Verstädterungsprozesse bei gleichzeitigen stadtplanerischen und finanziellen Defiziten der Stadtverwaltungen haben langfristig negative Auswirkungen sowohl auf die Umwelt insgesamt als auch auf die Gesundheit der Stadtbewohner. Wo Staat und Gesellschaft keinen adäquaten Wohnraum bereitstellen können, helfen sich die Menschen mit dem Bau von Hütten selbst. Diese Art der Selbsthilfe hat jedoch massive Auswirkungen sowohl für die Betroffenen als auch für die Gesellschaft. Neben den quantitativ nach wie vor bedeutendsten Wanderungen vom ländlichen Raum in die Städte Afrikas und der Stadt-Stadt-Migration, sind zunehmend transnationale Wanderungsprozesse zu beobachten, die innerhalb Afrikas vor allem die vergleichsweise ökonomisch aufsteigenden Regionen wie etwa Südafrika betreffen. Auf transkontinentaler Ebene ist eine Emigration in Richtung Europa und Nordamerika zu verzeichnen, mit sowohl für die Ziel- als auch die Herkunftsländer ambivalenten Auswirkungen.

Aufgaben

1. **Beurteilen Sie die Chancen und Risiken des Bevölkerungswachstums in Afrika südlich der Sahara.**
2. **„Staaten wie Nigeria sollten eine strikte Bevölkerungspolitik wie China umsetzen, um das Bevölkerungswachstum zu bremsen." Nehmen Sie Stellung zu dieser These.**
3. **Erörtern Sie die Rolle des Brain Drain als Ursache für eine langsam verlaufende wirtschaftliche Entwicklung der afrikanischen Staaten.**
4. **Erörtern Sie die Strategie der zirkulären Migration.**
5. **Entwickeln Sie Vorschläge zur Verbesserung der Lebensbedingungen in informellen Siedlungen.**

Internetlinks

UN Population Division
www.un.org/esa/population

Berlin Institut für Bevölkerung und Entwicklung
www.berlin-institut.org/online-handbuchdemografie.html

Stiftung Weltbevölkerung
www.weltbevoelkerung.de/laenderdatenbank

UNAIDS
www.unaids.org

UNHCR
www.unhcr.org

Ausgewählte Literatur

Zeitschriften

Praxis Geographie 7-8/2013
Themenheft: Afrika - Mehr als ein Risikokontinent
Praxis Geographie 12/2009
Themenheft: Afrika - Globales Lernen
Praxis Geographie 6/2009
Themenheft: Desertifikation
Geographische Rundschau 10/2013
Themenheft: Überlebenssicherung und Armutsbekämpfung
Geographische Rundschau 9/2013
Themenheft: Westafrika
Geographische Rundschau 11/2012
Themenheft: Millennium- Entwicklungsziele nachgefragt
Geographische Rundschau 9/2012
Themenheft: Ländlicher Raum in Entwicklungsländern
Geographische Rundschau 2/2012
Themenheft: Geographie der Gewalt
Geographische Rundschau 6/2010
Themenheft: Südliches Afrika
Geographische Rundschau 11/2008
Themenheft: Megastädte in Entwicklungsländern
Diercke 360° Themenheft: Südafrika 1/2010
BpB: Informationen zur Politischen Bildung Themenheft: Afrika Schwerpunktthemen Heft 303
BpB: Informationen zur Politischen Bildung Themenheft:Afrika – Länder und Regionen Heft 302

Bücher

Glaser, R., Drescher, A., Kremb, K.: Afrika. Darmstadt: WBG 2012
Iliffe, J.: Geschichte Afrikas. München: Beck 2003
Krings, T.: Sahelländer: Geographie, Geschichte, Wirtschaft, Politik. Mauretanien, Senegal, Gambia, Mali, Burkina Faso, Niger. Darmstadt: WBG 2006.
Nuscheler, Franz: Lern- und Arbeitsbuch Entwicklungspolitik. 7., überarb. u. aktual. Aufl.. Bonn: Dietz, 2012
Scholz, Fred: Entwicklungsländer: Entwicklungspolitische Grundlagen und regionale Beispiele (Das Geographische Seminar, Band 23). Braunschweig: Westermann 2006

Register

fett = definierender oder erläuternder Text in Marginalspalte

Quellentextverzeichnis

6 Zitat Henry Louis Gates Jr.: Wonders of the African World, 1999 www.pbS.org
6 M 1 Katja Mitic-Pigorsch: König Mansa Musa I. – Reichster Mensch aller Zeiten. Die Welt 19.10.2012
8 M 1 Thomas Scheen: Ehemalige Sklavin erhält Entschädigung. Frankfurter Allgemeine Zeitung 28.10.2008
9 Zitat Theo Rauch: Diercke Spezial: Afrika im Prozess der Globalisierung. Braunschweig: Westermann 2007, S. 62
14 M 1 Stephan Brändle: Ein unerhörtes Ereignis. Frankfurter Allgemeine Zeitung 4.8.2013
16 M 2 Andrea Jeska: Kaum gegründet, schon zerfallen. Die Zeit 23.2.2014
17 M 6 Jan Puhl: Am Ende des Regenbogens. Der Spiegel 9.12.2013
19 M 6 Bundesministerium für wirtschaftliche Zusammenarbeit und Entwicklung: Förderung von Good Governance in der deutschen Entwicklungspolitik. BMZ KONZEPTE 172, 2009
19 M 7 Alexander Stroh, Christian von Soest: Den Machterhalt im Blick: Verfassungsreformen in Subsahara-Afrika. GIGA Focus 4/2011
19 Zitat Transparency International www.transparency.de
22 M 2 Alexander Siegmund, Peter Frankenberg, Daniel Volz: Diercke Handbuch. Braunschweig: Westermann 2010, S. 250
24 M 2 Theo Rauch 2007, S. 12 - 13
25 M 6 Martin Brandt, Heiko Paeth, Cyrus Samimi: Vegetationsveränderungen in Westafrika – Spiegel von Klimawandel und Landnutzung. Geographische Rundschau 9/2013, S. 38 - 42
26 Zitat Theo Rauch: Sind die afrikanischen Bauern nicht in der Lage, die Bevölkerung Afrikas zu ernähren. www.boell.de 2.5.2010
27 M 5 Zukunftsstiftung Landwirtschaft: Wege aus der Hungerkrise 2013, S. 12
28 M 3 Antonie Katharina Nord und Jochen Luckscheiter: Ernährungssicherheit in Afrika. Perspectives Heinrich-Böll-Stiftung 8.6.2011
29 M 6 Theo Rauch 2010
31 M 6 Dieter Engelmann, Fred Scholz: Diercke Spezial Geoökozonen Braunschweig: Westermann 2009, S. 98

32 M 2 Fred Scholz: Diercke Spezial: Globalisierung. Braunschweig: Westermann 2010, S. 112
33 M 9 Jan Peter Mund: Kleinbäuerliche Kakaoproduktion in Westafrika. Geographische Rundschau 9/2013, S. 28 - 31
34 M 2 Die Sidama Coffee Farmers Cooperative Union (SCFCU) aus Äthiopien. www.fairtrade-code.de
34 M 4 Svane Bender: Schutz für die wilde Bohne. Nabu Naturschutz heute 3/07, S. 14
35 M 6 Berit Thomsen: Kartoffel in Kenia mit Potenzial und Feinden. Unabhängige Bauernstimme 5/2012
35 M 8 Benjamin Dürr: Die lange Reise der Rosen. Die Zeit 14.2.2010
36 Zitat Rhett A. Butler: Rückgang der Entwaldung im Kongobecken. Mongabay 7.4.2014
36 M 1 Sabine Schlindwein: Ein Ausweg aus dem Holzweg. Die Tageszeitung 6.12.2012
38 M 1 Friends of the Earth Europe (Hrg): Afrika für jedermann zu haben. Ausmaß und Auswirkungen von Landnahme für Agrartreibstoffe, 2010. www.foeeurope.org
39 M 4 Zukunftsstiftung Landwirtschaft 2013, S. 16
40 Zitat Lorenzo Cotula, Sonja Vermeulen, Rebeca Leonard and James Keeley: Land grab or development opportunity? FAO 2009
41 M 4 Philippe Kersting, Martin Doevenspeck: Land grabbing in Westafrika - intensiv diskutiert, kaum untersucht. Geographische Rundschau 9/2012, S. 15 - 17
43 M 3 Land- und Wassernutzung gemeinsam gestalten: Nomadische Viehhalter und Bauern im Niger. Zukunftsstiftung Landwirtschaft: Wege aus der Hungerkrise, 2013, S. 20
46 M 3 Marlies Uken: Megatrawler auf Beutezug vor Afrika. Die Zeit 2.4.2012
47 M 9 Stephan Albrecht: Weltagrarbericht-Bericht zu Afrika südlich der Sahara (SSA) 2012, S. 106
50 M 1 Dominic Johnson: Boom-Regionen: Warum Afrika viel besser ist als sein Ruf. Der Spiegel 26.7.2011
50 Zitat BMZ: Die neue Afrika-Politik des BMZ – Afrika auf dem Weg vom Krisen- zum Chancenkontinent 2014 www.bmz.de
56 M 1 BMZ: Entwicklungsfaktor extraktive Rohstoffe BMZ SPEZIAL 166, 2010, S. 4 - 6
56 M 3 Matthias Kiese: Mineralische Rohstoffe in Südostasien. Geographische Rundschau 11/2009, S. 46
57 M 6 Volker Seitz: Botswana zeigt: Reichtum kann gerecht verteilt werden. Deutsche Wirtschafts Nachrichten 1.4.2014
58 M 4 Katrin Gänsler: Ein paar Liter von Nigerias Öl-Reichtum. Deutsche Welle 10.12.2012
59 M 7 BUND: UN fordert Shell und nigerianische Regierung auf, das Delta zu säubern, 2011 www.bund.de
60 M 1 Rohstoffhunger heizt den Konflikt im Kongo an. Die Welt 31.12.2012
61 M 5 Martin Doevenspeck: „Konfliktmineralien" - Rohstoffhandel und bewaffnete Konflikte im Ostkongo. Geographische Rundschau 2/2012, S. 12 - 18
62 M 1 Theo Rauch 2007, S. 52
63 M 8 Florian Willershausen. Nigeria steht unter Strom. Wirtschaftswoche 2.2.2012
65 M 3 Peking fürchtet um Ölschätze - und spielt den Schlichter. Spiegel Online 7.1.2014
66 Zitat Alexandra Seiler: Das Leben im Township hautnah miterleben. Kapstadtmagazin.de
66 Zitat DerTour Sommer 2014
66 Zitat Julia Großmann: Tourismus-Boykott soll indigenes Volk retten. www.geo.de
68 Zitat Klaus Schubert, Martina Klein: Das Politiklexikon. Bonn: Dietz 2011
69 M 4 Müllverwertung in Sierra Leone. www.welthungerhilfe.de
69 Zitat Raphael Thurn: Aus Problemen lernen. Welternährung 4/2013, S. 12
69 M 5 Yongmi Schibel: Von Äthiopien nach Gabun: lokale Unternehmen schaffen Infrastruktur. GIZ Newsletter 1/2013
70 M 1 Franz Nuscheler: Lern- und Arbeitsbuch Entwicklungspolitik. Bonn: Dietz 2012
71 M 3 BMZ: Die neue Afrika-Politik des BMZ – Afrika auf dem Weg vom Krisen- zum Chancenkontinent. 2014 www.bmz.de
71 Zitat Volker Seitz: Entwicklungshilfe Bequem, aber wirkungslos. Die Süddeutsche 23.7.2013
71 Zitat Eure Krise ist unsere Chance. Der Spiegel 12.9.2011, S. 97
71 Zitat Bill Gates: 3 Mythen, die die Entwicklung armer Länder behindern. Annual Letter Gates Foundation, 2014
71 Zitat Jeffrey Sachs: Das Ende der Armut. München: Siedler 2006, S. 15
72 Zitat Interview mit Dirk Elsner von blicklog: „Bisher bin ich beim Thema mobiles Bezahlen eher frustriert"
72 M 2 Horand Knaup: Afrika: Kenia erlebt ein Handy-Wirtschaftswunder. Der Spiegel 10.1.2010
73 Nelson Mandela www.peaceparks.org
77 M 6 Christian Putsch: Warum in Afrika die Bevölkerungszahlen explodieren. Die Welt 18.07.2012
78 Zitat Lilli Sippel, Tanja Kiziak, Franziska Woellert, Reiner Klingholz: Afrikas demografische Herausforderung Wie eine junge Bevölkerung Entwicklung ermöglichen kann. Berlin-Institut für Bevölkerung und Entwicklung, 2011
81 Zitat Fred Krüger, Georgia Rakelmann, Petra Schierholz (Hrsg.): Botswana - Alltagswelten im Umbruch. Facettes of a Changing Society. Afrikanische Studien/African Studies Bd. 14, 2000, S. 47
82 Zitat Juliana Taiwo: Brain Drain Costs Continent $4bn Annually – UNDP. allAfrica.com 26.4.2007
83 M 4 Lilli Sippel: Vom Brain drain zu Brain Circulation. Online Handbuch Demographie. Berlin Institut für Bevölkerung und Entwicklung, 2009
84 M 2 Angelo Müller, Clemens Romankiewicz: Mobilität zwischen westafrikanischer Freizügigkeit und europäischer Grenzziehung. Geographische Rundschau 9/2013, S. 12 - 13
89 Zitat Bartholomäus Grill: Dubai in Afrika. Die Zeit 4.10.2011
90 M 2 Jürgen Bähr, Ulrich Jürgens: Stadtgeographie II. Braunschschweig: Westermann 2009, S. 303 - 304

Abbildungsverzeichnis

6 M 3 Celebrity Networth
6 M 4 Westermann
8 M 3 Trans-Atlantic Slave Trade Database
8 M 4 Westermann
9 M 6 Statistische Jahrbücher des Deutschen Reichs
11 M 4 Scholz 2011
11 M 5 Westermann
12 M 2 World Bank, UNDP
13 M 3, 4, 5 Westermann
14 M 2 World Bank, UNDP

14 M4 FAO 2014
15 M5 FAO 2014
15 M6 OPEC
15 M8 World Bank, UNDP
16 M3 Westermann
16 M4 World Bank, UNDP
18 M1 Global Peace Index
18 M2, 3, 4, 5 Afrobarometer 2013
19 M8 Stroh, von Soest 2011
22 M1 Westermann
23 M5 Westermann
23 M6 FAO 2014
24 M1, 4 Westermann
24 M3 FAO 2014
25 M5 Paeth 2009
25 M8 Westermann
27 M3 Westermann, IFPRI
27 M4 Westermann, World Bank
27 M 6, 7 FAO 2014
28 M1 FAO, World Bank
28 M3 WHO, UN
29 M4, 5, 7, 8 FAO 2014
30 M1, 2 FAO 2014
31 M7 Westermann
31 M8 AGRA 2013
32 M1, 3, 5, 6 FAO 2014
32 M4 Scholz 2010
33 M7 Westermann
33 M10 FAO 2014
33 M11 Mund 2004
34 M3, 5 Westermann
35 M7 FAO
36 M2 FAO
37 M6 World Bank
38 M3 Fleischatlas 2014
39 M5 FAO 2014
39 M7 Westermann, Land Matrix
40 M1 The International Land Coalition
40 M2 Westermann nach Doevenspeck, Kersting 2012
41 M3 Westermann
41 M5 Land Matrix
42 M1 FAO
42 M2 Westermann
43 M6 Scholz 2011
44 M1, 2, 4 FAO 2014
45 M7 WCM/UICN
45 M9 Stuart 1996
46 M1, 2, 4, 5 FAO
47 M6 Westermann, FAO
47 M7, 8 FAO 2014
50 M2, 3, 4 World Bank 2014
51 M 5, 8, 9 World Bank 2014
51 M6 WTO
51 M7 UNCDAT, World Bank
52 M1, 2, 4 IMF
52 M3 WTO
53 M5, 6 WTO
54 M2 World Bank 2014
54 M3 Westermann
55 M4, 5 BP 2013
55 M6 USGS 2014
55 M7 BGR
56 M5, 8 World Bank 2014
57 M9 verschiedene Quellen
58 M1 World Bank
58 M3 Bergen Risks
59 M6 Westermann
60 M2 Scholz, Westermann
61 M4 Bleischwitz 2012
62 M2 World Bank 2011
62 M3 Westermann
62 M4 World Bank 2014
63 M5 Global Competitiveness Index 2012, World Bank
63 M7 World Bank
63 M9, 10 UNCDAT
64 M2 Westermann
65 M5 UN
65 M6, 7 IMF
66 M1, 2 UNWTR
67 M3 UNWTR
67 M5 Westermann
68 M1,2 OECD
69 M3 Scholz, Westermann
70 M2 World Bank, UNCDAT
72 M1 World Bank
72 M3 Communiciation Comittee Kenya
73 M6 SADC, Westermann
76 M1 Westermann, UN
76 M2, 3 UN
76 M4 UN, UNICEF, WHO
77 M5, 9 UN
77 M7, 10 WHO
77 M8 Westermann
78 M1, 2 UN
79 M3, 4, 5, 6 UNAIDS
79 M7 Westermann
80 M1 UN
80 M2, 3 UNAIDS
80 M4 Westermann
82 M2 World Bank
82 M3 UN
83 M6, 7 UNHCR
83 M8,9 UNCDAT
85 M10 Scholz
84 M1 Müller, Romankiewicz 2013
85 M4 IDMC
86 M2 World Bank, UNDP, UN
86 M3 Westermann, World Bank
86 M4 World Bank
86 M5 Westermann, UNDP
87 M6, 7, 8, 9 World Bank
88 M1, 3 UN
88 M2 DHS 2010
88 M4 Westermann, UN
89 M5, 7, 8 UN
90 M1 UN Habitat
90 M3 World Bank
91 M7 UN Habitat

Bildnachweis

African Barrack Gold, Tansania: 54 M1;
alamy images, Abingdon/Oxfordshire: Cover (Sue Cunningham Photographic);
Brandt, Martin, Bayreuth: 84 M2;
DJ Clark, Cambridge: 64 M1;
dreamstime.com, Brentwood: 30 M4, 35 M10, 54 M2, 75.1, 82 M1 (Ferdinandreus), 85 M6;
Gill, Paul: 35 M9;
Gänsler, Katrin, Nigeria: 58 M5;
Hahn, Paul/Aid by Trade Foundation: 21.1;
Harneis, Julien, Jemen: 61 M3;
iStockphoto.com, Calgary: 7 M7, 14 M3, 15 M7, 23 M7, 26 M2, 37 M5, 43 M4, 45 M10, 47 M10, 49.1, 63 M6, 67 M4, 86 M1;
Krüger, Fred, Erlangen-Nürnberg: 81 (beide);
laif, Köln: 5.1;
Lohnert, Beate, Bayreuth: 91 (alle);
NABU Naturschutzbund Deutschland e.V., Berlin: 34 M1 (Svane Bender);
Picture-Alliance GmbH, Frankfurt/M.: 7 M8, 10 M1, 10 M2, 10 M3, 17 M5, 36 M3, 58 M2, 65 M5, 72 M4 (Daniel Irungu);
Samimi, Cyrus, Bayreuth: 25 M7;
Schlesinger, Johannes, Freiburg: 44 M6;
Scholz, Fred, Berlin: 26 M1, 33 M8;
Schwarz, Fabian, Bayreuth: 30 M3, 38 M3;
Shutterstock.com, New York: 22 M3, 22 M4, 43 M7 (Giulio Napolitano), 56 M2, 57 M7, 89 M6a;
Spark Ventures, USA: 44 M5;
UN Photo Library, New York: 16 M1 (Paul Banks);
wikipedia.org: 6 M2, 7 M5 (Martin Bernatz), 7 M6 (Dieudonné Lancelot), 8 M1 (Stig Nygaard), 9 M5 (Adalbert von Rößler), 23 M8, 31 M5, 43 M5, 85 M5, 89 M6b;
WWF Deutschland, Berlin: 45 M8 (Richard du Toit), 73 M5 (U. Doerner)